"十三五"国家重点研发计划项目成果

污染场地土壤和地下水原位采样新技术与新装备

DIXIASHUI

FENCENG KUAISU CAIYANG

JIANCE JISHU YU ZHUANGBEI

地下水
分层快速采样
监测技术与装备

刘学浩　著

江苏大学出版社

JIANGSU UNIVERSITY PRESS

镇　江

图书在版编目(CIP)数据

地下水分层快速采样监测技术与装备/刘学浩著
.—镇江:江苏大学出版社,2023.10
ISBN 978-7-5684-1913-0

Ⅰ.①地… Ⅱ.①刘… Ⅲ.①地下水—水质监测
Ⅳ.①X832

中国国家版本馆 CIP 数据核字(2023)第 216509 号

地下水分层快速采样监测技术与装备

著　　者/刘学浩
责任编辑/徐　婷
出版发行/江苏大学出版社
地　　址/江苏省镇江市京口区学府路 301 号(邮编:212013)
电　　话/0511-84446464(传真)
网　　址/http://press.ujs.edu.cn
排　　版/镇江市江东印刷有限责任公司
印　　刷/苏州市古得堡数码印刷有限公司
开　　本/718 mm×1 000 mm　1/16
印　　张/15.5
字　　数/264 千字
版　　次/2023 年 10 月第 1 版
印　　次/2023 年 10 月第 1 次印刷
书　　号/ISBN 978-7-5684-1913-0
定　　价/78.00 元

如有印装质量问题请与本社营销部联系(电话:0511-84440882)

前言

随着经济的飞速发展和人类活动的不断增加，我国地下水及地表环境遭到日趋严重的消耗与破坏，导致地下水水质污染、地下水型生态系统严重退化等，从而引发工业毒地块、地表水体输入性污染等诸多问题。地下水环境污染已对我国国民经济和人民生活质量造成较大影响。因此，为保障我国人民平等获得清洁用水权益、社会经济可持续发展、生态环境良性发展，做好地下水环境调查、探测与保护等工作至关重要。

与国外的成熟采样技术和设备相比，国内相关领域的研发相对滞后。国内污染场地调查地下水采样设备仍以地下水单层采样器为主，如贝勒管、蠕动泵、气囊泵。针对我国地下水分层采样技术与设备存在的扰动大、精度差、效率低等问题，亟需研制拥有自主知识产权和核心技术的原位弱扰动采样一体化设备，以满足国内日益增长的高精度污染场地调查市场的需求。

本书是在国家重点研发计划课题"污染场地地下水U形管分层快速采样技术与设备研发（MOST：2018YFC800804）"、国家自然科学基金"基于钻孔的地下水环境垂直结构分层探测与地层信息快速提取技术（NSFN：42107485））"资助下取得的科技成果。针对十三五期间国家环境污染治理、绿水净土减污降耗、碳达峰碳中和科技攻坚战，旨在突破关键技术瓶颈、实现行业相关技术设备自主可控。面向读者群体为水文地质、环境科学与工程、气候变化与二氧化碳地质利用封存等领域专业人士，以及对技术发明及跨领域应用感兴趣的普通读者。

本书共分9章。第1章阐述地下水分层采样监测技术的研发背景与多行业领域的共性技术需求，第2章调研综述了国内外各类地下水采样技术发展历程及国际最新进展，第3章介绍弱扰动原位地下水分层快速采样新技术与新设备的研发，第4章介绍地下水分层探测监测技术研发及室内测试验证效果，第5章结合技术设备提出了基于钻孔的地下水环境分层采样监测方法及对地下水污染溯源解析，第 6 章至第 8 章通过典型案例分别介绍该技术在流域水循环与水文地质、场地土壤与地下水污染调查、碳中和与二氧化碳地质利用与封存领域的应用效果及技术性能。

本书是在多方关怀下团队历经十年的综合性研究成果总结。技术研发早期，李小春、李琦、魏宁、方志明研究员进行了卓有成效的开创性技术布局，作者在岩土力学与工程国家重点实验室工程师肖威、郑云飞等的技术支撑下克服诸多技术难点完成初代设备研发，后在宋然然、卢绪涛、李霞颖等学生的推动下不断完善，设备成功示范应用于多处国内二氧化碳地质利用与封存场地。扩展应用至流域水循环与水文地质领域，得到了中国地质调查局黄长生副总工、水文地质与水资源计划协调人李文鹏书记、国家地下水监测工程郑跃军首席等领导的鼎力支撑，及英国地质调查局 Lei Wang 研究员、北京师范大学王金生教授、中国地质科学院水环所刘景涛研究员、中国地质调查局水文地质环境地质调查中心张福存副总工、叶成民教授等专家的指导与支持。扩展应用至场地土壤与地下水污染调查领域，得到了英国 Newcastle 大学 David Werner 教授、中国科学院南京土壤所骆永明/赵玲研究员、江苏盖亚环境科技有限公司程功弼董事长、南京大学吴吉春/艾弗逊教授等专家学者及国家重点研发计划项目团队的帮助指导。在此一并感谢。

由于作者水平有限，书中难免存在疏漏，敬请广大读者批评指正。

著者
2023 年 2 月

目录

第1章

绪论

1.1 研究背景与问题提出

资源、能源与环境的可持续发展是关乎人类未来发展的重大议题,该领域的技术发展体现着国家的核心竞争力与人民的生活水平,直接关乎联合国 2030 年可持续发展目标"SDG6 清洁饮水和卫生设施、SDG11 可持续城市和社区、SDG13 气候行动"等的实现。但向地下索取水资源、能源与地质储存空间等工程过程伴随着地下环境的改变、污染与破坏,这就对地下探测监测技术提出了更高的要求。

国际水资源协会原主席夏军院士指出"水是生命之源、生产之要、生态之基",面向国际水科学前沿及国家发展需求,应加强水循环、环境污染治理修复与经济社会可持续发展、全球变化与气候等以水为纽带的综合应用研究。近年来,我国多个部委发布地下水保护相关法律法规,内容横跨水循环与水文地质、场地土壤与地下水污染、碳达峰碳中和等学科领域。

2015 年,国务院印发《水污染防治行动计划》,专项整治十大重点行业,集中治理工业集聚区水污染、城镇生活污染、农业面源污染等。2019 年,生态环境部等五部门发布《地下水污染防治实施方案》,生态环境部发布《污染地块地下水修复和风险管控技术导则》(HJ 25.6—2019)。2020 年,国家主席习近平在联合国大会上郑重宣布"中国将提高国家自主贡献力度,采取更加有力的政策和措施,二氧化碳排放力争于 2030 年前达到峰值,努力争取 2060 年前实现碳中和"。2021 年,国务院颁布《地下水管理条例》,提出构建统一的国家地下水监测站网和地下水监测信息共享机制,加强地下水管理,防治地下水超采和污染,保障地下水质量和可持续利用,推进生态文明建设。然而,要想实现地下水资源的可持续开发利用,确保地下水污染加剧趋势得到初步遏制，开展气候变化适应性研究，就需要不断开发与发展包括地下水分层采样监测在内的环境地球科学新技术与新方法。

对水循环与水文地质领域的研究包括水循环水平衡理论研究与定量观测，地下水资源保护与可持续开发利用。地下水是在一定地质条件下经过漫长的地质演化及水循环转化的产物，它的形成、组分构成及时空分布反映了水循环途径的补径排特征，也反映了地下水流系统的特征，同时反映了人类活动污染影响的特征。水作为山水林田湖草生命共同体中的活跃因子，兼具资源、环境、生态和社会属性，是自然资源资产管理、国土空间规划及生态系统修复的主要对象。

场地土壤与地下水污染领域包括：尾矿库重金属污染场地，石油、化工、焦化等有机污染场地，农药等持久性有机污染物（POPs）场地，电子废弃物污染场地。污染场地的地下水环境评估与污染源追踪包括：对农药厂、化工厂、炼油厂、造纸厂等地下水潜在重污染企业进行环境评估审查与责任认定，在土地流转评估时对地下环境污染程度进行鉴定并分级，对地下水污染（重金属如 Hg、As、Pb，有害元素如氟，有机物等有害物质）引起的地方病、癌症村等区域内的地下特定污染物进行长期监测与鉴定，对重点工程施工期间及完工后的地下环境进行全程监督与管控，对已污染区域的地下污染程度、迁移范围及修复效果进行评估，等等。

碳中和与二氧化碳地质封存领域包括二氧化碳地质封存、酸气（CO_2 与 H_2S）回注、核废料储存、岩盐等地下资料能源储备、CO_2 驱替增采资源能源（如煤层气增采、页岩气开采、原油增采 CO_2-EOR、深部地热开采、矿床浸润法开采等）。为了应对气候变化、实现人类可持续发展，必须加快近零碳排放，二氧化碳的捕集、利用与封存（CCUS）等技术的研究和先进适用技术成果的转化运用，把碳达峰碳中和纳入生态文明建设整体布局和经济社会发展全局，有效应对绿色低碳转型可能伴随的水安全、粮食安全和产业链安全等问题。

上述水循环与水文地质、场地土壤与地下水污染、碳中和与二氧化碳地质封存等领域针对地下水的共性技术问题包括：污染物在地表发生泄漏，经降雨入渗扩散，随地下水由上至下侵入地下含水层；外来流体/污染物随能源开采及废弃物储存过程注入中深部地层，随地下水由下至上泄漏迁移，进而影响天然地下水流场与水文地球化学特性，造成地下环境污染。针对流域大气降雨-地表水与多个含水层地下水循环转换机制不清、定量观测表征难，工业集聚区地下水有机污染物多界面迁移过程精准刻画难，碳中和与二氧化碳地质封存领域注入流体（超临界 CO_2）受多相多场耦合驱动在地层由下至上泄漏迁移扩散的监测预警难等关键科学问题，亟待研发地下水精细调查技术、分层精准探测技术和自动化、智能化的先进地下水采样监测技术，进而满足地下水文水资源、地下水污染修复、能源与废弃物地下处置工程跨行业领域日益增长的需求。

目标阶段性分解如下：首先，自主研发基于新型工作原理的地下水分层采样技术，打破美国、加拿大的国际技术垄断。其次，升级研发地下水分层监测技术装备，并在多个领域现场示范应用验证。最后，在上述基础上，创新研制地下水分层精准探测技术装备，提供模块化接口遴选集成荧光光谱等井下传感器，并结合现场原位快速测试与实验室送样分析（如化学成分与浓度、地层残余气、同位素追踪、pH、氧化还原电位、电导率、微生物群落特征）等手段，连续提供大量关于地层及地下水的物理、化学和微生物信息，开展规模化工程技术服务。其中，本研究在土壤与地下水污染防控领域的科学意义和社会价值体现在以下几个方面。

（1）源于并面向国家及行业部委重大需求。国务院颁布的《地下水管理条例》自 2021 年 12 月 1 日起施行，第四十六条规定：国务院水行政、自然资源、生态环境等主管部门建立统一的国家地下水监测站网和地下水监测信息共享机制，对地下水进行动态监测。目前，多部委共建共享的"国家地下水监测工程（Ⅱ期）"及生态环境部"十四五"相关规划正在推进中。在生态文明建设和行业共性关键技术需求牵引下，面向生态环境治理三维分层，数字化、智能化的先进地下水监测新技术与新设备亟待研发突破与应用落地。

（2）提供新路径，推动地下水科学研究难点破解及基础研究走向应用。地下水化学空间分层分带特征研究及地下水污染源解析是地下水科学问题中的难点与热点。其中，地下水化学空间分层分带特征研究大部分仍停留在定性分析阶段，尚难以定量表征其沿垂向深度变化的规律（如地下水污染溯源解析等），主要原因在于缺乏可高效低成本获取三维分层分布式地下水化学实测高精度数据的技术手段与设备。而地下水污染溯源的研究难点体现在偏微分方程组反求源项求解的不适定性问题，以及基于传统数据的理论推演及数值模拟等研究路径难以破解。拟研发的地下水环境三维分层数字化智能监测技术可以获取高分辨率的三维分布式地下水化学特征数据，为该科学难点的破解提供了新的思路。

（3）基于关键技术与设备突破，开拓符合中国地下水管理的前沿研究方向。地下水分层采样/监测技术是国际前沿研究方向，其与数字科技融合走向智能化，进而推动生态环境治理三维分层精细化、数字化是未来技术发展的必然趋势。然而，经历了40多年的发展，国际上仅有极少数领军科研机构完全掌握了该项技术，如加拿大滑铁卢大学、美国劳伦斯伯克利国家实验室。申请人致力于该技术的持续系统研发与科学研究，并依托中英"创新领军人才"联合培养项目和国家重点研发计划等的资助打破技术垄断，前期实现了关键技术设备的突破（地下水U形管采样器、气驱式地下水分层快速采样设备），识别并构建了能兼容水质检测监测自动化、智能化的地下水分层底层技术框架，有望弥补我国现有地下水精准管理的部分技术短板，提供自主可控、急需可用和进口可替代的地下水分层技术装备。

（4）广阔的应用前景与可预期的社会、环境和经济效益。在地下水分层监测关键技术基础上拟集成构建的首台套地下水环境三维多层自动化监测系统，具有监测数据三维丰度高、系统整体性能指标优越、水质检测硬件多层共享及节省钻孔进尺、大幅降低技术成本等多重优势，并具有强知识产权属性与技术应用导向。新技术设备可支撑水文地质调查监测、地下水污染防控与环保督察执法诊断，提供国情数据，助力水安全系统解决方案及宏观决策管理，具有可预期的社会、环境与经济效益，可应用于小区域-场地尺度的化工园区、堆填场地等污染在产企业的自行监测与环境风险监控，以及国家级/流域级地下水环境监测网等的构建。

1.2　地下水分层采样监测技术内涵与应用

地下水分层采样监测技术通过在一个钻孔的垂向不同深度实施分层勘查，沿地层垂直结构的离散深度获取多层目标测试数据，提供垂向不同深度的相关地层信息，来表征地下水溶质或特征污染物在地层中的浓度变化、时空分布及迁移扩散梯度，从而通过提取分层更丰富、更具针对性的地下水化学信息及地层地质结构来刻画地下水化学场,揭示地下水化学场的垂向分层特征,溯源识别地下水中天然地质背景成因影响及人类活动污染影响,为流域或区域尺度水文地质与水循环、场地尺度地下水污染调查与修复、工程场地尺度碳中和与二氧化碳地质利用和封存等提供新技术与新方法支撑,促进国土空间生态保护修复与社会可持续发展。

目前,全球已有较多工程应用地下水分层采样监测技术,其在水文地质领域的意义及应用案例简述如下:

(1)有效揭示地下水资源量及补给特征,在抽水试验过程中有效监测多个深度层位的水头及流速。为调查和评价北方平原盆地地下水动态,北京市通州区张家湾应用深 311 m 的地下水分层监测井,监测含水层组共 18 层。黑河流域自 2001 年起部署了超过 10 口地下水分层监测井,旨在有效揭示黑河流域地下水资源量及补给特征,长时间监测流域地下水水文地质信息,研究地下水化学垂向分布特征。为揭示地下水补给特征,研究地表水-包气带-地下水转换规律,中国地质调查局武汉地质调查中心于 2017 年部署了一口深 20 m 的一孔 9 层地下水采样井。

(2)精确描述地下含水层的结构特征,如裂隙流的区域特征与流动方向,确定水文地质边界等。对美国西北部某场地进行环境评估监管,为获取地下水含水层的结构特征,共部署 10 口地下水分层监测井,地下水采样段共计 40 个。某垃圾填埋场项目中,为精确描述地下裂隙流的区域特征,评估花岗岩基底的裂隙导通性,部署了多口深 84 m 的一孔 24 层地下水采样井。

(3)表征目标溶质/污染物在含水层中的浓度、时空分布及迁移机制,将地下水分层采样监测技术广泛应用于炼油厂加油站的地下原油污染监测、化工厂等工业园区的污染入渗、垃圾填埋场的水文地质选址及环境影响评估等。为追踪碳酸岩地层中地下水污染物(四氯乙烯)的浓度与分布范围,部署了一口深 210 m 的一孔 6 层地下水采样井。为高质量查明四氯化碳污染物从浅层含水层向下迁移的污染程度及空间范围,美国加利福尼亚中部 Monterey 海湾附近空军基地安装了 15 口深度为 100~150 m 的地下水分层监测井。为获取地下含水层结构特征,中国某氯代烃污染场地应用一孔多层技术分 4 层由上至下监测土壤气中的挥发性污染物、地下水上层污染物及轻非水相液体(LNAPL)、地下水中层污染物、含水层底板附近的污染物及重非水相液体(DNAPL)。

美国西弗吉尼亚州 DuPont Belle 的农用化学废料污染场地自 1994 年至 2005 年共布置了 12 口地下水分层监测井，超过 40 层监测层段，获取了高密度的水化学、水头压力分布数据，并通过长时间连续监测污染物在含水系统中的演化过程，查明了研究区含水系统中污染物的分布及影响范围，同时依托现场监测数据建立了研究区渗流场三维水文地质模型，在钻井、野外维护、废物处理方面节省了大量经费。

（4）提供连续、丰富的地下水古水文信息和古气候特征等。地下水在地层垂向不同深度呈现了天然复杂的地下水化学分层特征，影响因素包括地层岩性、地下水径流速度、地球化学反应特征等天然地质背景成因，以及农业面源污染、工矿企业排污、生活污水入渗等人类活动污染影响。然而，限于传统技术水平，国内地下水调查、勘察、采样或探测大多数采用常规的单井，即在钻孔中对地层垂直结构滤水段的混合液进行勘察探测，因此无法充分反映地层不同深度的地下水环境分层特征，地层信息提取丰度有限。

1.3　典型应用领域一：流域水循环与水文地质

习近平同志在党的十九大报告中强调，必须树立与践行"绿水青山就是金山银山"的理念，统筹推进"五位一体"可持续发展，要把水资源作为最大的刚性约束，坚持以水定城、以水定地、以水定人、以水定产，合理规划人口、城市和产业发展。地下水作为全球物质循环与能量交换的积极参与者，也是重要的信息储存库载体。

1.3.1　水循环理论与研究

自然界中，水以气态、液态和固态三种形式存在于大气、陆地、海洋及生物体内，组成了相互联系的、与人类生活密切相关的水圈，水循环则是水圈与地球上其他圈层之间相互联系、相互作用的重要环节。自然界中的水循环一般包括蒸发、水汽输送、降水和径流四个阶段。

20 世纪 50 年代以来，国内外学者对大气中的水循环过程进行了研究并取得了重要的研究成果，深化了对陆面循环和大气循环的认识。但长期以来，人们只关注水在自然界中的运动过程，而忽视了水在社会经济系统中的运动过程。实际上，同自然界中水的运动过程一样，水在社会经济系统中的运动也具有循环性。国际上对水循环的研究相对较早，20 世纪 60 年代，联合国教科文组织就提出了国际水文十年计划，重点研究人类活动及气候变化对水文循环的影响，以解决在人类及气候影响下产生的诸多水资源与水环境问题。1962 年，Tóth 总结了以往的研究成果，把系统理论引入水文地质学中，依据水势不同，利用解析解将地下水流划分为局部、中间和区域流动系统。随后，Freeze 等认为含水层对地下水流系统有着控制作用，用数值解得出了地下水在非均质介质中的流动规律。1980 年，Tóth 提出重力流可以在非均质含水层中穿层流动。在前人研究成果的基础上，学者们从时间和空间角度入手，综合多种学科，从多种角度思考问题，在方法上不断创新，进行了大量关于地下水循环模式的研究。

1.3.2 综合监测技术对水循环的定量观测

地下水循环监测是研究地下水运移规律和三水转化规律的基本途径和重要手段。掌握地下水动态规律，获取给水度、降雨入渗补给系数、灌溉回归系数、潜水蒸发系数等水文地质参数，即可评价地下水资源量。

国内水循环观测基地建设分三个阶段展开，早期以地下水均衡试验场为主。第一阶段，1956 年我国地质部（现地矿部）开始建设地下水均衡试验场，并在全国建成 29 个，其中一直观测的有 22 个。1985 年陕西省水利水土保持厅召开"西北、内蒙六省（区）地下水均衡试验场（站）设计方案技术研讨会"，详细讨论了国内试验场建设方案，西北各省积极开展地下水均衡试验场建设。第二阶段，1993 年仍在运行的水均衡试验场有 18 个，主要基于地下水动态均衡法、地中渗透计、零通量面法、剖面水量差法、同位素示踪法等研究手段研究地下水形成、四水转化，获取水均衡参数。第三阶段，从地下水均衡扩展至地表水与地下水一体化的水循环定量观测评价。甘肃黑河流域、山西大同盆地、广西桂林丫吉、新疆昌吉等持续运行的基地取得了较为系统的丰硕成果。例如，2018 年依托国家地下水监测工程扩建河北秦皇岛地下水与海平面综合监测基地、河南郑州地下水均衡试验场；2019 年依托"水文地质与水资源调查计划"按流域新建一批水循环观测基地等。地下水均衡试验场取得了较好的研究成果，应用于区域地下水资源评价、低产土壤试验改良，指导农业节水灌溉，服务城市及矿区环境保护等。例如，1984 年建成的河南郑州地下水均衡试验场，重点开展水均衡要素观测，研究降水入渗速率、潜水蒸发规律及极限深度，基于35套地中渗透仪长时间观测数据，建立了降水入渗补给函数。1988年建成的新疆昌吉地下水均衡试验场，创建了水面蒸发量、降雨入渗补给量、潜水蒸发量、作物蒸腾量等计算公式，揭示了包气带-地下水系统水分转化量的均衡临界深度，预测了土层剖面水分盐分运移动态，通过流域水资源合理配置来调控地下水埋深。

国际研究进展方面，20世纪50年代国外开始建立地下水监测基地，美国在这一时期开始设置地下水数据的贮存与检索系统，70年代进行了地下水质观测网优化设计研究，80年代成立了官方的地下水质监测设计工作委员会，数据库中存储了全国大部分井泉的长期观测数据。欧洲大多数国家的地下水监测是从20世纪70—80年代起步的。监测变量一般可以分为5种，分别为描述性参数、主要离子、重金属、农药和氯化溶剂。

1.3.3　水文地球化学对水循环过程的刻画表征

常用的水文地球化学研究方法主要包括水化学类型法、多元统计法、离子比例系数分析法、同位素法等。1929年，苏联科学院院士维尔纳斯基首次用科学的方法定义了水文地球化学的内容，为水文地球化学的发展奠定了基础。2001年，Zilberbran等通过研究以色列特拉维夫市地下水化学组分，发现人类活动可以影响地下水化学组分的变化，并定量计算了天然水化学过程与人类活动在地下水化学组分变化中的贡献。2007年，于静洁等运用水化学类型法和同位素法研究了永定河流域地下水在变化条件下的循环规律，证实了越流补给的存在，并总结了地下水化学类型的变化过程。2008年，Cloutier等研究了多元统计法在地球化学中的应用，并把聚类分析法和主成分分析（PCA）法应用到实践中。2016年，邵杰以地下水流理论为基础，利用水化学类型法与同位素法总结了新疆伊犁河谷典型剖面的地下水循环演化规律，并为该地区地下水的合理开发利用提出了科学的建议。

1.4　典型应用领域二：场地土壤与地下水污染

地下水化学场的形成主要受地下水循环条件、含水层介质、古气候及现代气候条件的影响，而人类活动已成为一种不可忽略的地质营力给地下水施加污染负荷，参与地下水水质的演化，影响地下水化学场。研究地下水化学场规律时，常运用环境同位素和水化学成分等揭示流域地下水循环特征。影响浅层地下水水化学特征的主控因素为补给源化学成分、地下水动力场变化、人为污染物排放等。国际学者研究表明，地下水化学场在地层垂直空间普遍呈现分层特征。

改革开放以来，随着经济的飞速发展和人类活动的不断增加，我国地下水及地表环境遭受日趋严重的消耗与破坏，导致地下水水质污染、地下水型生态系统严重退化等，从而引发工业毒地块、地表水体输入性污染等诸多问题。地下水环境污染已对我国国民经济和人民生活质量造成较大影响。因此，为保障我国人民平等获得清洁用水权益、社会经济可持续发展、生态环境良性发展，做好地下水环境调查、监测与保护等工作至关重要。

地下水环境分层采样监测是污染场地调查与修复、国土空间生态保护修复等生态环境治理的重要内容。随着我国工业化和城市化进程的加快，大量工业企业实行了政策性关闭或搬迁，部分化工、冶金、钢铁、轻工、机械制造等企业因生产过程或搬迁遗留成为工业污染场地，造成不同程度的土壤和地下水污染，给人居环境带来一定的安全隐患。地下水的污染往往间接来自土壤，其中淋溶水污染物的纵向迁移是地下水污染的主要途径。国际发展经验表明，污染场地是城市化和工业化发展的产物，污染场地的调查与修复事关生态环境可持续发展。20 世纪 90 年代，美国经历了中心城市工业区的普遍萎缩、污染和被遗弃，产生了大范围以污染场地为代表的棕色地带，即所谓的"铁锈地带"（Rust Belt）。其原因在于后工业化生产技术发生变化，区域经济空间布局及生产活动空间布局也随之发生变化，从而导致大量工业污染场地生态服务功能受影响，经济发展受限。基于城市可持续发展理念，美国 1995 年发起"棕色地带"再开发计划（Brownfields Initiative），防止"衰退-放弃"的先污染后治理的恶性循环，把经济、生态和社会结合起来考虑。

我国针对土壤与地下水污染的调查、修复、监控的法律体系处于快速完善的过程中。2015 年发布《水污染防治行动计划》（简称"水十条"）；2016 年发布《土壤污染防治行动计划》（简称"土十条"）；2018 年通过《中华人民共和国土壤污染防治法》（简称《土壤污染防治法》）；2019 年发布《地下水污染防治实施方案》和《污染地块地下水修复和风险管控技术导则》（HJ 25.6—2019）；2020 年发布《地下水环境监测技术规范》（HJ 164—2020）和《生态环境损害鉴定评估技术指南 环境要素 第 1 部分：土壤和地下水》（GB/T 39792.1—2020）；2021 年发布《地下水管理条例》。然而，针对地下水污染的调查与探测尚存在诸多问题，具体体现在地下水调查范围大多数局限在场地内，调查结果针对性弱、准确性低，且调查成本高、周期长。同时，由于地下水污染源中心有可能随着流场的迁移方向移动，容易遗漏因污染扩散造成的周边土壤、地下水及下游区域的污染，所以无法为后续选择修复治理技术提供更多的客观依据。

地下水化学场在地层垂直空间呈现出普遍的分层分带特征。诸多研究表明，地下水水化学呈现出垂直分层性、平面分带分区性。于庆和等研究塔里木河流域地下水水化学分层分带特性，并根据补径排条件阐明地下水水化学分层分带性的形成机制。苏春利等的研究表明，大同盆地孔隙地下水垂向埋藏条件和水平向具有分带规律性，且水化学场分带特征与水动力场分区吻合较好。楼章华等研究松辽盆地地下水化学场的垂直分带性，将其由浅入深地划分为大气降雨下渗淡化带、近地表蒸发浓缩带、泥岩压实排水淡化带、黏土矿物脱水淡化带、渗滤浓缩带等五层水化学单元类型。严沛漩研究二连盐湖地下水，结果表明其水化学具有明显的垂向分层规律特征。刘爱菊等研究三门峡库区朝邑滩地下水水化学分带性规律，阐明了区域地下水水化学分层分带性的形成机制。郭高轩等探讨了北京潮白河冲洪积扇地下水系统，结果显示水化学具有良好的分层分带特征，中下游水动力条件差，含水层分层明显。从测试结果分析来看，地下水样组分浓度为浅层>中层>深层，地下水质量分带特性明显，表现为上游>中游>下游。如前所述，尽管诸多学者的研究均揭示了地下水化学场的分层分带规律，但大多数仍为传统的定性分析，只能反映水化学场二维平面分布，尚未定量反映地下水化学的垂向变化规律，主要原因是缺乏丰富的地下水垂向分层实测数据，缺少地下水分层采样监测新技术与新设备。

传统研究较多反映的是地下水水质的二维平面分布规律，无法较好地刻画地下水化学特性垂向分层变化的规律模式，且构建沿地层垂直结构的真三维水化学场的相关报道很少。陈荣彦利用含水层孔隙水离子质量浓度的二维平面等值线图表现了水化学场的空间分布特征。赵纪堂等采用改进的地理信息系统（GIS）三维空间差值方法构建了含水层真三维地下水化学场，并利用 Tecplot 软件实现了可视化，有效描述了地下水化学场的三维空间分布规律，为工程水害防治提供了决策支持。而地下水各离子质量浓度和溶解固体总量（TDS）的垂向空间分布及地下水化学场的分布规律对溯源判别、污染扩散预测和地下水污染防治等工程实践均具有重要意义。地下水化学场分层特征的精细刻画有利于地下水污染溯源解析。地下水污染具有极强的隐蔽性，治理地下水污染的先决条件和必要基础是确定地下水污染源的位置及其排放历史。地下水污染溯源又称地下水污染源解析、源识别，是指通过地下水中污染物浓度的时空分布观测数据，反演污染源排放位置及污染物迁移转化的时间序列，主要包括追溯污染物排放历史、确定污染源位置和估计污染物排放量。

地下水污染源解析是地下水科学的研究难点与热点。其难点之一在于克服反问题解的不适定性。本质上是在对流-弥散方程的其他项已知的情况下，反求源项的偏微分方程组求解问题，与参数识别、边界条件识别及初始条件识别同为数值模拟反问题。追溯地下水污染源的研究在国外已有30余年的研究历史。溯源方法可分为地球化学足迹法和数学模拟法，具体包括解析方法、优化方法、直接法、随机理论和地质统计学方法。Snodgrass等采用地质统计学方法确定污染物排放的历史过程，该方法的解具有普适性，不需要对未知污染源的特性和结构做出盲目假设，但此方法的限制在于污染源位置必须是先验的。Butera 等将地质统计学方法推广至二维溯源问题，建立了追溯三维非均质污染物迁移的方法，可以同时追溯污染物排放过程和污染源位置。尽管前人采用模型法、实测法、统计法等进行了大量基于基本原理的研究，其中模型法根据地下水中实测污染物浓度，通过数据模型反求污染源的时间及空间分布，但由于缺乏观测数据、地下水动力学参数、地下水化学场数据，一定程度上制约了污染溯源效果。

其难点之二在于缺少高分辨率地下水化学场数据，缺乏新技术与新方法支撑。设置地下水环境分层探测的钻孔数与分层层数的目的是尽可能准确、丰富地反映地层污染物浓度分布。实测法采用氮、氧、碳等同位素作为示踪剂，基于化学质量平衡和多元统计分析测算示踪剂的时空分布，进而推算污染物来源。而统计法建立在水质监测数据基础上，依靠图论、相关性分析、灰色关联分析法、模糊数学法、主成分分析法、结合 GIS 图像识别污染源等对污染物进行分析。龙玉桥等通过数值模拟探讨钻孔探测点布置、探测数据误差、水动力弥散系数和地下水实际平均流速对溯源结果的有效性。研究表明，地下水水质信息越准确、丰富地反映地层污染物浓度的分布，根据这些地层信息得到的溯源效果就越好。然而，诸多相关研究虽然可以表征和识别污染指标的污染来源，但分析维度较为单一，未能体现指标间的关联性，不能很好地反映污染物空间的分布和来源特征。

其难点之三在于缺乏地下水化学场数据的分层解析方法。南方科技大学胡清团队基于主成分分析（PCA）和自组织映射（SOM）方法识别地下水水质指标因子及污染物的空间分布，通过因子分析法筛选出影响地下水水质的 8 个公因子，分别为溶滤-富集作用因子（贡献率为 22.398%），农业、养殖业和填埋场等人类活动影响因子（贡献率为 16.533%），雨水下渗作用因子（贡献率为 8.035%），工业源污染因子（贡献率为 7.466%），等等。王金哲等采用加权综合指数法进行人类活动对浅层地下水干扰影响程度的量化评价。该方法首先将与评价目标有关的各种要素综合整理在一起，从中遴选出主要影响因素；然后确定各主要要素的相对重要性，给出定量指标；最后通过数学方法求解，加权测定研究对象受主要影响因素的影响状况。聚类分析又称点群分析，其基本思想是根据所研究样品或指标间存在不同程度的相似性，通过样品间的距离衡量其亲疏关系，把相似程度较大的指标聚合为一类。Q 型分层聚类分析方法的步骤如下：首先对水样各变量数据进行 Z-Score 标准化处理，然后利用欧几里得距离定义各水样之间的距离，最后应用多元统计分析软件 SPSS 对水样进行归类、归因分析，从而得到谱系图。

综上所述，地下水化学场在地层垂直空间呈现普遍的分层分带特征，其精细刻画有利于地下水污染溯源解析，而目前研究难点主要在于缺少高分辨率地下水化学场数据，缺乏新技术与新方法支撑，缺乏地下水化学场数据的分层解析方法。换言之，前人由于技术局限未能获取高精度分层的地下水化学数据，并没有对地下水化学场分层分带特征规律进行定量深入研究，进而影响了地下水污染溯源解析等科学问题的较好解决。

2014 年，环境保护部（现生态环境部）与国土资源部（现自然资源部）联合发布的《全国土壤污染状况调查公报》显示，全国土壤总的超标率为 16.1%。2016 年，国务院印发《土壤污染防治行动计划》，要求开展重点行业企业用地土壤污染状况调查，以掌握土壤环境质量状况。2018 年，全国人大常委会通过了《土壤污染防治法》，规范了建设用地地块环境调查制度，带来了急剧增长的场地调查市场需求。考虑到国外场地调查采样设备无法完全适应我国国情，而国内传统的采样设备并非针对污染场地调查，存在不密闭、干扰大、取芯率低、无法原位实时监测等局限性，且国内该领域缺乏具有自主知识产权的核心技术与设备，因此结合科研、管理和市场需求，研发适用于我国国情的污染场地土壤及地下水原位弱扰动采样一体化技术与设备刻不容缓。在"污染场地土壤及地下水原位采样新技术与新设备"国家重点研发计划项目资助下，项目组致力于研发适用于我国污染场地土壤弱扰动原位采样的全液压直推式钻进技术与设备、高频声波钻进技术与设备，与钻机配套使用的污染场地挥发性有机物（VOCs）膜界面探测器（membrane interface probe，MIP）原位检测技术与设备，以及地下水 U 形管分层快速采样技术与设备，并通过开展弱扰动原位采样一体化设备污染场地验证与技术示范应用，编制相关技术规范，构建产业化发展模式，以期实现调查采样"精准高效、环保低耗"的科学目标。

20 世纪 60 年代中期以来，欧美国家土壤及地下水采样钻进设备及其配套检测、采样工具的研制与应用日趋成熟，并推出了一系列国际领先水平的场地调查采样设备，可获取高取芯率、高保真度的土壤及地下水样品。为了获取快速分层的地下水样品，加拿大滑铁卢大学和 Solinst 公司共同推出了 CMT（连续多通道）、Waterloo、FLUTe 等系列地下水分层采样产品。上述国外采样设备虽然性能优越，但是价格昂贵，且不能完全满足我国不同地域复杂地质条件下的采样需求。与国外的成熟采样技术和设备相比，国内相关领域的研发相对滞后，针对我国地下水分层采样技术与设备存在的扰动大、精度差、效率低等问题，亟须研制拥有自主知识产权和核心技术的原位弱扰动采样一体化设备，以满足国内日益增长的高精度污染场地调查市场需求。

根据我国《土壤污染防治行动计划》的要求，全国正在开展重点行业企业用地土壤污染状况调查，以摸清我国污染地块底数。根据我国《污染地块土壤环境管理办法》和《土壤污染防治法》的要求，建设用地地块再开发利用必须进行场地环境调查，因为场地调查作为场地修复的第一步，采样精度和准确度决定了修复的成本和效果。上述法规和行政命令将催生巨大的污染场地土壤与地下水采样市场及设备需求，因此研制污染场地地下水原位弱扰动采样设备具有广阔的市场应用前景。

1.5　典型应用领域三：碳中和与二氧化碳地质封存

全球气候变化已成为威胁人类可持续发展的主要因素之一。《联合国气候变化框架公约》将"气候变化"定义为：经过相当一段时间的观察，在自然气候变化之外由人类活动直接或间接地改变全球大气组成所导致的气候改变。全球气候变化证据包括：

（1）地面平均气温不断升高。1810—1840 年，全球平均气温升高 0.35 ℃，1870—2006 年为增长快速阶段，增幅达 0.55 ℃，仅 20 世纪就增加了（0.6±0.2）℃。工业革命以来，观测期间内增温过程总体趋势加快。

（2）冰圈范围不断减小。从 1978 年开始，北极海冰范围以每十年（2.7±0.6）%的速率减小，夏季减小速率更是高达（7.4±2.4）%。喜马拉雅山冰川以每年 10~60 m 的速率不断后退。

（3）海平面不断升高。1870—2004 年，全球海平面上升了 195 mm，上升速率为每年 1.44 mm。1993—2003 年，全球海平面上升速率为每年（3.1±0.7）mm。根据联合国政府间气候变化专门委员会（IPCC）预测，到 2100 年全球变暖将导致全球海平面上升 180~590 mm，由此会引发一系列灾害问题，最直接的就是将淹没很多沿海、岛国低洼陆地。

（4）区域性极端气候频繁。强降水次数或强降水量占总降水的比例增加，造成部分地区洪水增多；热浪期数量增多，暖夜数量广泛增加，受干旱影响的区域范围增大；热带风暴与飓风的出现频率、强度与持续时间开始大量增加。

二氧化碳是导致全球气候变化的主要原因。诺贝尔化学奖得主 Arrhenius 在 1896 年提出，当空气中二氧化碳浓度增加一倍时，地球平均气温将增加 5~6 ℃。大气中受人类活动影响产生温室效应的还有甲烷、一氧化二氮、臭氧、卤化烃、气溶胶等，其中仅次于二氧化碳的两大温室气体是甲烷与一氧化二氮，其气体浓度变化趋势与二氧化碳一致，从维持稳定到工业革命后不断快速上升。IPCC 对引起温室效应的各种因素的研究表明，二氧化碳的增温效应占总温室气体的 63%。其中，人为的化石燃料燃烧排放是大气中二氧化碳增加的主要原因。1971—2008 年各行业二氧化碳排放数据统计表明，二氧化碳排放量最多的是火力发电与热供应，占总人类排放的 40%，其次是运输业（占 27%）和工业生产建筑。而来自固定排放源的二氧化碳占化石燃料燃烧排放总量的 60%。在当前以煤炭为主导的能源结构无法轻易改变的前提下,对这些固定排放源的二氧化碳进行减排处理尤为关键。在众多温室气体减排技术中,二氧化碳捕集、利用与封存(CCUS)被认为是最理想、最具贡献度的二氧化碳减排方式。目前,其他主要减排途径还包括使用低碳燃料、提高能源转化和使用效率、发展可再生能源和新能源,但限于技术发展水平,减排潜力和贡献度均有限。

　　CCUS 技术是一项新兴的、可实现传统化石能源大规模低碳利用的技术,可将二氧化碳从工业或能源生产相关气源中分离出来,输送到适宜的场地并封存,从而使二氧化碳与大气长期隔离。这项技术在实现减排温室气体的同时,还可以保障能源安全、促进低碳新业态孵化。

　　为了确保 CCUS 工程规模化安全操作,需要对封存在地下的 CO_2 进行监测,以证明没有发生泄漏。监测工程贯穿整个封存项目,包括 CO_2 注入前、注入期间,以及闭场后的大气、水质、地表变形、土壤气、植被生态等。其中,监测 CO_2 运移、泄漏、对周围环境的影响(饮用水、人口及周围生物圈)是本书关注的重点。国外 CCUS 工程项目地层环境监测情况如表 1-1 所示。

表 1-1　国外 CCUS 工程项目地层环境监测情况

项目名称	地层	土壤气	地表水	浅层地下水	注入层位地下水
		土壤空气 CO_2 通量;土壤气体组分;土壤空气 ^{13}C 稳定同位素	(1)温度、pH 值、电导率、总矿化度、总有机碳(TOC)、总无机碳(TIC)、碱度; (2)主要阳离子; (3)主要阴离子; (4)^{13}C 稳定同位素		水化学组分
SECARB	深部咸水层	Y	Y	Y	Y
Otway	枯竭气田	Y		Y	
Lacq	枯竭气田	Y	Y	Y	Y
Weyburn	增采油田			Y	Y
In Salah	深部咸水层	Y		Y	
CO_2SINK	深部咸水层	Y		Y	

注:① 表中的 Y 表示能够明确项目中的本底监测对象和技术。
　　② SECARB 项目水质监测表明阳离子增加:Ag、Al、As、Ba、Ca、Cd、Cr、Cu、Fe、K、Mg、Mn、Mo、Na、Pb、Se、Zn;阴离子增加:F^-、Cl^-、SO_4^{2-}、Br^-、NO_3^-、PO_4^{3-}。

浅层地下水环境监测主要监测地下水水质的动态变化，以识别二氧化碳是否泄漏，以及其对地下水的污染程度。换言之，通过监测土壤中二氧化碳气体的含量及 pH 值的动态变化，可判断二氧化碳是否泄漏到土壤中。而目前在 CCUS 领域针对识别二氧化碳泄漏及其对地下水影响的环境监测缺乏合适的分层监测技术，尤其缺乏能够同时实现浅部地层的地下水和土壤气监测与在一个钻孔垂向多个层位监测的原位测试技术。

在二氧化碳地质利用与封存区域，注入地层深处的二氧化碳气体是否泄漏及该泄漏对浅部地下环境的影响引起了下列各方的关注：

（1）工程建设方。在灌注井大规模注入二氧化碳的过程中，工程建设方希望监测系统能提供二氧化碳泄漏的预警时间及尽可能精确的泄漏位置，以便尽可能早地采取有效解决方案（如减小井口注入压力或关停、精确定位泄漏点并实施地层封堵等），尽可能减小泄漏事故的危害和影响范围。

（2）当地政府及附近居民。他们希望工程实施方提供连续有力的现场监测数据来提高公众的接受度，增强项目审批监管和成功运营的信心。此外，该监测数据亦是风险事故处置时赔偿鉴定的直接证据。

（3）政府监管机构及环保部门。他们希望知道工程风险是否可控或可接受，以及泄漏对地下环境的实际影响，尤其是对中深部饮用地下水层、浅部地下水和浅地表环境的影响。

神华碳捕集和封存（CCS）示范项目作为我国首个二氧化碳捕集与地质封存项目，迫切需要针对上述问题为后续 CCUS 商业化规模应用提供技术储备与有益经验。值得注意的是，国内油田相继大规模采用二氧化碳作为驱油介质增采石油与天然气，多处工程区域存在二氧化碳泄漏的迹象，如附近居民反映有白色气体从地下冒出，夏天早晨局部呈冰状；也有反馈表示泄漏处能闻到轻微的臭鸡蛋味，初步分析其是泄漏至地表的二氧化碳气体夹杂了少量硫化氢产生的。针对上述工程问题，不仅需要开展地下水分层采样监测与环境风险监控，而且需要合适的监测技术给予证实、预警及应对。

第 2 章

弱扰动原位地下水分层采样监测技术综述

地下水是关系到地球演化和地表生物生存的重要因素。地下水的成分、浓度、空间分布、扩散路径等是地下水资源可持续利用、地下水污染修复、地下能源增采与废弃物地质封存的重点关注对象。地下水采样能结合同位素追踪、地层残余气分析、化学成分测试等手段提供大量地层信息,其监测对工程安全开展和环境风险评估具有指导意义。

2.1　地下水采样方法及驱动原理

在工程需求驱动下,国内外研发了各式各样的地下水采样技术及采样设备,如针对地下水中生物化学农药残余的半透膜采样技术(semi-permeable membrane device,SPMD)、针对地下水中重金属含量的薄膜扩散梯度技术(diffusive gradient in thin films,DGT),以及针对石油领域深部资源勘探的容积式采样器,针对浅层地下水一次性采样的贝勒管和固定式采样的蠕动泵、气囊泵等。按工作原理和采样过程驱动力的不同,基于井筒的地下水采样技术可以分为三大类,分别是靠线缆提升驱动的下井式定深采样技术、靠电泵驱动的泵式采样技术、靠压缩气体驱替驱动的气驱式地下水采样技术。基于井孔的地下水采样监测技术按工作原理分类如图 2-1 所示,其技术优缺点分析如表 2-1 所示。

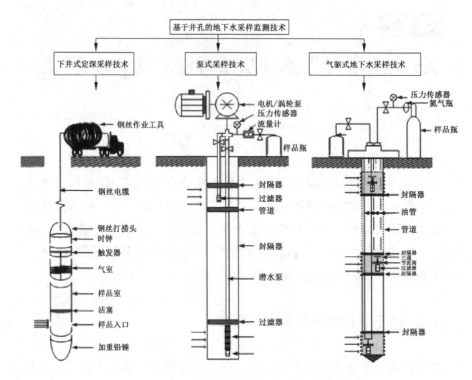

图 2-1　基于井孔的地下水采样监测技术分类

表 2-1　基于井孔的地下水采样监测技术优缺点分析

地下水采样技术		优点	缺点
下井式定深采样技术	Positive displacement samplers	与地下水接触短暂； 不影响地下流场	不能连续采样，不适合多层采样； 采样操作耗时长； 采样回收过程中容易发生样品相分离、汽化、挥发； 下井前应检查、准备线缆工具； 采样量容易限为数百毫升
	Vacuum samplers	采样迅速； 地层流体未经稀释污染	
	Flow-through samplers	采样过程样品汽化影响减轻； 多种材料、尺寸、型号可选； 便于携带、清洁、回收； 成本较低； 用线缆工具不需要额外电泵	
泵式采样技术	Line shaft turbine pump	最大采样深度为 600 m； 电泵位于地表，易于维护和回收； 直径和材质选择范围广	采样过程中需要避免空穴效应和矿物沉淀析出； 不适合两相流采样； 电泵占地面积大，价格昂贵； 采样过程中受到的电泵污染很难去除
	Electric submersible pump	最大采样深度为 3500 m； 能连续采样； 适合一孔多层采样	

续表

地下水采样技术	优点	缺点
气驱式地下水采样技术	适用于两相流体系统； 能连续采样； 与空气隔绝，被动式保压 U 形管技术适合原位高级精度采样； 适合一孔多层采样； 技术集成潜力大； 适合固定场地长期监测	系统脆弱易坏； 管路易发生堵塞而失效； 回填料、钻井液影响采样精度； 设备一般不能回收； 地下设备维护困难

2.1.1　下井式地下水定深采样

下井式定深采样器通过引线装置下放至钻井内指定地层深度，完成采样后将采样器提升至地表，从而得到地下水样品，如图 2-1a 所示。该技术的优势在于原理清晰、操作简单方便、成本低廉，适合各种深度地层的一次性或低频次采样。Parker 开发的 Grab sampler 就属于此类，其组成部件包括双阀、容积一定的采样器，通过缆绳工具连接并下放至井孔内指定深度。早期应用较多的小提桶采样亦属于该类。

下井式定深采样器主要由引线装置和采样器两部分构成。引线装置根据采样深度和现场要求可分为水位尺、尼龙绳、钢丝绳、拼接式钢管等，提升引线的动力源可以是人力，也可以是柴油机、卡车或油田领域专门器械。采样器根据不同的工作原理可分为适用于深部地层的 Positivedisplacement samplers，Vacuum samplers，Flow-through samplers，以及适用于浅部地层的定深采样器和贝勒管。

Positivedisplacement samplers 在油田资源勘探领域应用广泛，适合深部地层的低频次高精度采样，能保压取多相流样品。其构成部件包括圆形尖端（也称为"公牛环"）、浮动活塞、采样室、空气室、触发机构、时钟机构、缆绳接口等。其中，公牛环的作用是防止采样容器在下放过程中卡在钻井井孔中，缆绳接口连接麻绳、钢丝、电缆至井口，触发机构和时钟机构控制井下容器采样过程的开启和闭合。其工作原理如下：时钟触发后阀门开启，浮动活塞因内部气室和地层流体的压力差进一步开启，地层流体驱替原有流体而进入采样室，稳定一段时间后启动触发机构关闭阀门和浮动活塞，将采样器通过线缆提升至井口完成采样。

Vacuum samplers 包括时钟机构和触发机构，其工作原理基本同上，不同之处在于：采样器包括上下两个出口，采样操作时由于地层压力和真空气室的压力差作用，原始地层流体快速地进入封闭的真空采样室，虽然在采样过程中解决了上述方法出现的地下水稀释污染问题，但这种采样器的结构复杂，采样稳定性有所下降。

Flow-through samplers 采样室没有抽成真空，而是设置成地层压力值并保持恒定，时钟机构瞬时控制阀门启闭。相比于上述两种采样器，该采样器能避免多相流因温度压力变化而产生的组分损失，进一步降低采样时内外压力差大对地下流场的扰动。日本的 Ogachi、美国密西西比州的 Granfield 以及得克萨斯州的 Frio 二氧化碳地质封存场地采用的 Kuster I 采样器就属于此类。

不同于上述三种适用于深部地层的采样技术，定深采样器适用于浅部地层，尤其适合地质疏松、地下水位埋深浅的无井地区。其工作原理如下：将整体式的定深采样器强夯至地下指定深度，快速监测浅层地下水。其优点是无需配套钻机，设备回收方便快捷。例如，北京沃特兰德科技有限公司提供的 615 型贯入式压力采样器；郑继天开发的 FFS-A 型地下水定深采样器，采样深度达 200 m，采样器外径为 50 mm，最大采样容量为 1 L。

Bailers 俗称贝勒管，是一种适用于浅部地层的经济型便携式采样器，有 PVC、特氟龙、不锈钢等多种材质可选，有传统的单向阀、双阀等形式，适用于包括挥发性有机物在内的不同种类物质的采样。其优点是使用方便、成本低廉、可回收。缺点在于：采样过程精度损失较大，温度压力变化较大；地层流体浑浊、细颗粒含量大时会损害单向阀的密封结构，导致无法采样；深部流体采样时通常会被上部含水层交叉污染，影响易汽化、含挥发性有机物等的样品分析精度。例如，429 型不锈钢贝勒管地下水采样器、428 型一次性贝勒管地下水采样器、408 双阀采样泵等。

Hydrasleeve 地下水采样器国内报道应用较少，其由圆筒形柔韧的聚乙烯袋和袋子顶部安装的止回阀构成。使用 Hydrasleeve 采样器时，用一根绳子把取样袋和不锈钢夹具一起吊起，并在袋子底部设置重物保证采样器在井中垂直下落。该采样器容积通常有 350 mL、1 L、1.5 L 可选，适用于挥发性有机物、半挥发性有机物、金属等几乎所有污染物类型的地下水采样分析。其地下水样品采集操作分为三步：第一步，下入采样器至指定位置。将 Hydrasleeve 采样器缓慢放入地下水井内指定深度就位，受压力作用取样袋被挤压排空，止回阀处于关闭状态以避免地下水样品进入，静置等待数分钟，直到井下地下水恢复平衡允许采样。第二步，Hydrasleeve 地下水采样。对采样器进行上升和下降操作，在向上抽提（速度超过 1 f/s）时采样器上面的止回阀暂时开启且开始采集地下水样品，取样过程中不改变地下水位高度，以尽可能减小扰动影响。重复上下抽提操作，取样袋逐步膨胀直到充满，通常上下 20 次取满水样。第三步，将采样器回收至地表。Hydrasleeve 采样器充满水后止回阀保持关闭状态，上提取出至地面的过程中不会混入扰动的地下水样，进而保证了地下水样品的代表性。该类采样器的优点是操作简单，无须洗井，适用于所有污染物类型，成本低，在北美的地下水污染取样工作中应用广泛；其缺点是容易被井下电线管线卡住而影响使用，不适用于地下水界面层的精细采样。

下井定深式采样技术适用于低频次、单层采样，不适合长期定点连续监测。其局限在于不能连续采样、单次采样容积有限、不易控制采样速率，且会对地下水运移场造成一定扰动，采样器提升至地面的过程中对地下水样品产生的污染干扰很难消除。

2.1.2　泵式地下水采样

不同于采用线缆驱动的下井式定深采样技术，泵式地下水采样技术的典型特征在于采用电泵提供采样过程的驱动力，通过深入指定地层的监测管抽取不同深度地层的地下水，如图 2-1b 所示。根据采样深度和电泵类型的不同，电泵、电机可位于井头或井下不同位置。

采样过程中，应注意静水压力大于地层流体的泡点以避免空穴，以及井孔中矿物的沉淀析出以避免堵塞地下管路。电泵根据类型的不同可细分为真空泵、蠕动泵、潜水泵、惯性泵、气囊泵等。其中，真空泵采样深度一般不超过 10 m，常规蠕动泵、气囊泵的合理采样深度约 75 m，Line shaftturbine pump sampler 采样深度达 600 m，潜水泵最大采样深度可超过 3500 m。

蠕动泵的工作原理为依靠机械蠕动操作使旋转滚珠下压硅管，从而形成真空，在选择的方向上置换任何流体。液体样品只与地下监测管接触，样品具有一定的精度，适合水汽采样、浅井采样。标准产品包括 410 型蠕动泵地下水采样器、Geopump™ 蠕动泵等。

潜水泵的工作原理：电动机带动叶片高速旋转，在中心处由于液体被甩向四周而形成真空低压区，液体在压力差作用下流入泵内且连续不断被抽出。其适用于深井采样，使用时整个机组潜入水中把地下水提取到地表。

缺点在于：需要有安全可靠的电源和地线，场地适应性差；抽取的流体与叶片接触，采样过程中温度压力变化导致采样精度不高。标准产品包括 MP1 潜水泵、Gigant 微型潜水泵。

气囊泵的工作原理为通过气囊的挤压变形与进水口、排水口、止回阀的配合实现地下水抽取。其优点在于：抽水速度可以调节，能够采集浑浊度非常低的样品；能保证采样时不接触空气和水，是真正的低流量采样，避免了样品的排气、污染或扰动，能反映真实的地下水水质状况，符合严格的 EPA 地下水监测标准。气囊泵对常规流量和低流量采样均表现突出，可以在几乎任何角度下正常工作，非常适合于泵取液体污染物，且不会因水中沉积物、颗粒物或者干抽而被破坏。其缺点在于：需要压缩空气和控制装置，拆卸和净化费时较多。不锈钢气囊泵采样深度达 150 m 或 300 m 以上，PVC 气囊泵采样深度为 30 m。标准产品包括 Geotech 便携式气囊泵、407 型气囊泵式地下水采样器、Intergra 气囊泵地下水采样器。

泵式采样技术适用于定点长期连续监测，优点在于采样容量大、受水中污染物颗粒物影响较小、性能稳定易维护、应用深度范围广，是目前应用最多的采样技术。缺点在于：样品精度相对偏低，电动泵抽取地下水速度偏快导致流体浑浊、颗粒物增多，对地下流场影响较大；电动泵本身可能会污染采样流体，对样品扰动较大，不利于地下水样品的化学分析，如过滤部件、泵体、汽油；采样过程因温度、压力、密封等问题伴随着样品精度失真，如多相流样品汽化。

2.1.3　气驱式地下水采样

气驱式地下水采样如图 2-1c 所示，适用于长期监测地下水。其与泵式多级监测采样技术的主要区别在于：动力源不采用电动泵，而采用压缩气体，如可移动式氮气瓶、压缩气罐。作为一种新型代表技术，气驱式地下水采样技术是基于 U 形管的原理。由于 U 形管采样技术的系统构成小、综合成本低，所以能与其他监测手段（如压力传感器、温度传感器、水诊检漏器、地震检测仪、同位素追踪仪）进行很好的搭接。

更重要的是，相对于下井式定深采样，该技术能连续快速地大容量采样；相对于泵式采样技术，该技术本身的保压和被动采样特点能尽可能减轻采样过程中对地下水的扰动，且成本相对低廉。Norman 指出，虽然气驱式采样技术存在采样过程耗时较长、井下设备不易检修和回收等缺点，但其成本约为泵式采样技术的 10%。

综上所述，下井式定深采样技术不适合固定式长期连续监测，泵式采样技术样品精度较差，在对场地进行固定连续监测及要求精细三维表征时，市场上已有的技术产品均不能较好地满足。而基于 U 形管原理的气驱式地下水采样技术虽然能满足上述特殊需求，但其仍存在若干技术上的局限，且工程应用较少，尚未商业化形成产品。

2.2　地下水分层采样监测技术方法

地下水是关系到生态系统安全和人类生存的基础性资源。地下水采样/监测为地下水资源合理开发利用、地下水环境影响评估以及污染场地修复提供了科学依据与数据支撑，具有重要意义。我国地下水环境监测工作是随着经济社会发展和地下水开发利用需求的变化逐步提升的。我国本身是一个人均地下水资源短缺的国家，改革开放以后，随着经济的飞速发展和人类活动的不断增加，我国地下水资源与环境遭受日趋严重的消耗与破坏，如地下水资源过度开采、地下水水质污染等，从而引发了岩溶塌陷、地表沉降、海水入侵、工业毒地块、地表植被退化与土壤沙漠化盐碱化等诸多灾害。因此，水资源"质"与"量"上多维度的挑战对我国地下水采样提出了更高的要求，从传统的地下水资源量评价逐步转换为地下水水质与地下环境承载力综合评价，对地下水采样新技术、新方法提出了更高的要求。

地下水采样按监测井结构及获取监测数据方式的不同，主要分为利用旧有供水井改造、传统监测井及地下水分层采样井进行采样。

旧有供水井改造后可用来监测地下水，是区域性水文地质调查常用的辅助技术手段，但往往无法作为有效的地下水采样井。这是因为受限于其早期的施工工艺、设计目的、部署位置及监测精度等问题，其混合水的水位、水质、水温等指标和参数不能准确反映具体层位的变化规律。《欧盟水框架指令》（EU water framework directive）明确指出，其可用于地下水质采样，但不能用于地下水位监测。

传统监测井包括单管监测井、丛式监测井及巢式监测井。其中，单管监测井是指在一个钻孔内仅监测一个指定区域，对应一个监测层位。丛式监测井是指一系列相互临近的不同监测深度的单管监测井群，即不同深度单管监测井的集合。例如，衡水地下水试验基地部署了 4 口独立相邻的地下水单管监测井。典型丛式监测井技术的优势在于技术成熟、施工工艺简单、成井质量可控；缺点在于多次钻井成孔导致成本高昂、地表占地面积大、场地协调难度高。值得注意的是，丛式监测井井下滤网段形成纵向高渗透梯度带，易造成地下水流场局部扰动，从而导致地下水流速、流向、孔隙水压力、水化学特征等在监测井附近扰动突变，造成监测数据一定程度的偏差，不利于精细地下水科学研究的展开。巢式监测井是指在一个钻孔中安装多根不同长度的独立井管，监测不同深度的两个及两个以上的目标含水层。典型技术特征为回填工艺需逐层逐段填入过滤和止水封隔材料，地下水采样时配备蠕动泵、气囊泵、潜水泵等电动泵。其优点是占地面积小，成本较丛式监测井费用低。例如，卢予北开发的多层地下水示范巢式监测井，在保定、北京、郑州多处场地应用。其中，2006 年在河南郑州实施的"国家级一孔多层地下水示范监测井建设项目"将地下水分 4 层进行监测，填砾止水工序耗时 5 天，井深 350 m，为国内应用较深的巢式监测井。

上述旧有地下水采样井技术的共性缺陷如下：① 监测数据的空间代表性差。传统监测井内不同深度的地下水相互混合，并时常伴随着雨水、包气带水、人为渗滤液等局部污染，从而导致监测数据偏离该监测位置地下水的真实状态，无法准确表征监测井所在空间位置地下水的性质及地下水体沿垂向不同深度的精细变化。② 监测数据的时间代表性差。残余液混入会造成地下水样品偏差，无法准确反映采样时刻地下水的基本信息，进而影响含水层中地下水流系统早期的地下水化学变化研究，影响污染物前沿运移机制的研究，这是因为流体混合弥散和残余液干扰降低了识别虽微小但时间空间上十分重要的溶质运移突破过程。③ 成本高，占地面积大，监测效率偏低。

如上所述，传统地下水采样井技术存在监测数据代表性差、监测成本高、占地面积大、监测效率低等诸多缺陷，技术上逐渐无法满足地下水科学新理论新认识的发展需要，以及国民经济发展对资源、环境及工程领域的需求，在成本方面亦逐渐失去竞争力。多位学者指出，未来地下水采样井技术将向集成化、可靠性程度更高、灵活性更强的地下水分层采样技术方向发展，向地下水采样数据远程自动实时传输、分析诊断、预警治理的智能化、平台化方向发展。

地下水分层采样井是国内外规范的推荐性要求。欧盟《水框架指令》明确指出：对于多层含水层，同一位置每个含水层都要有监测井；考虑到含水层的空间不均匀性，每个含水层都应被划分为特性相同的各个水文地质单元，且每个水文地质单元应至少有一个监测井。2015 年发布的《水文地质调查规范（1∶50000）》（DZ/T 0282—2015）指出：多层含水层分布区宜对主要含水层分别进行监测控制，有条件的情况下应设置分层监测井。

地下水分层采样技术是指通过一根多通道井管在一个钻孔中实现多层地下水含水层的分层监测和采样。该技术起源于 20 世纪 70 年代，按监测井结构的不同可分为多级监测井、多层监测井、地下水分层监测井等。地下水分层采样井可同时监测多个地下水含水层，或获取同一含水层不同地层深度的变化特征，连续刻画地下三维空间物质运移与污染物分布。此外，通过显著减少钻孔进尺，能有效降低整体监测成本。地下水分层采样技术通过数量少的钻孔构建三维监测网络，在大幅减少钻孔成本的同时，能获取更多监测层位，得到更精确的监测数据；Schlumberger 在某项目成本分析中指出，相比于丛式井和巢式井两个监测方案，地下水分层采样技术可降低 55% ~ 65% 的综合成本。

国际上基于地下水分层采样技术的产品共 6 种，分别为加拿大 Solinst Waterloo System、加拿大 Westbay MP System、瑞士 Multi-Port Sampling System、美国 Water FLUTe™ System、加拿大 Solinst CMT system 及中国 U-tube Sampling System。

2.2.1　Waterloo 地下水分层采样

Waterloo 地下水分层采样设备由滑铁卢大学的 John Cherry 教授于 1984 年研发，后由加拿大 Solinst 公司商业化，在市场上推出系列产品。Waterloo 地下水分层采样设备属于裸露过滤网型直接推进原位地下水采样器的改进型，其采用局部模块化设计，配套微型双阀泵对多个地下监测段进行采样，适用于基岩孔和非固结松散地层。地层封隔工艺有三种技术可选方案：第一种为回填工艺，最为常用；第二种为化学式封隔器，用于永久性密封；第三种为遇水膨胀式封隔器，用于封隔器解封、移动及系统回收等。另外，设置封隔器的监测井外径不超过 130 mm，封隔器端口通过特殊防水接头连接内径为 50.8 mm 的 PVC 管。Waterloo 地下水分层采样设备可设置 8~15 个端口，通过特殊防水接头与其他元件连接，可以在 PVC 管中添加水以克服设备下井时的浮力，并诱发封隔器膨胀密封。系统可安装在波纹管内，外部添加水位尺的井下可移动式管件，可集成水位尺、小型传感器。

Waterloo 地下水分层采样设备在美国、加拿大的地下水采样和污染调查中应用广泛，采用 PVC 材质的 Waterloo 地下水分层采样设备的最大应用深度可达 305 m，但监测通道小、施工成本高、需要配套使用进口采样器和水位计（如 vanEssen micro-divers）等因素严重制约着该设备推广应用，目前在我国未见场地应用报道。

2.2.2　Westbay 地下水分层采样

Westbay 地下水分层采样设备是由加拿大斯伦贝谢公司的子公司 Westbay Instruments 针对深部油气开采与废弃物地质封存领域研发的模块化多层地下水采样装置，于 1987 年首次应用于地下水采样。该地下水分层采样设备主要由管线系统、移动式探头及数据采集模块三部分组成。井下管线系统固定安装在井孔的密封套管内，包含多个由封隔器止水分隔的监测段。井上设备用于对井下管线系统进行操作控制，包括可移动式压力测量组件、采样探头、地下水位探头，以及其他相关专业工具。Westbay 地下水分层采样设备允许通过带口的单一套管进入井孔不同深度的目标监测段，实现对多层地下水的采样，详细探测含水层压力、水力传导系数和水质等在垂向上的变化。井孔内装有一个单弦式防水型套管，每个监测段均设置了阀门和可选的控制连接件。同时使用阀式接箍在各监测段开展水文地质测试，无须重复洗井便可进行地下水常规采样。

Westbay 地下水分层采样设备的技术优点在于监测段止水封隔效果好、具备规范的现场效验程序、监测段数多。该设备提供的监测数据包括垂向压力分布图、水力传导率分布、水质分布图、水质随时间变化情况等。迄今为止，该地下水分层采样设备的不锈钢版最大应用深度达 2173 m，PVC 版最大应用深度达 1235 m，管路尺寸可选 38 mm 或 55 mm。但其存在填砾和止水位置准确度难以保证、止水回填工艺复杂、现场安装施工难度大、一次性投入资金较多、野外环境要求苛刻、不适合浅部地层的小剂量连续采样、维护和采样不便等问题。在我国虽有几处应用，但现阶段不适合规模化推广。

北方主要平原盆地下水动态调查评价综合研究项目在北京通州区张

家湾地面沉降监测站内示范应用，Westbay 地下水分层采样系统深 311 m，孔径为 450 mm，管径为 127 mm，监测含水层组共 18 层，采用内径 62 mm 的导砂管回填止水材料，并采用双气囊止水分层抽水洗井。

2.2.3　MPSS 地下水分层采样

多点采样（MPSS）地下水分层采样设备由瑞士 Solexperts 公司研发。系统基于模块化设计，通过多根相互独立的竖管部署至井下不同深度，配合小型采样泵或井下定深采样器进行采样，可回收重复利用。该地下水分层采样设备采用 PVC 塑料材质，直径为 155~200 mm，包括泵管道、竖管、圆形支架、过滤段等。其中，泵管道及竖管通过圆形支架支撑，监测终端带有过滤器，连接头采用双 O 形圈密封防水，地层封隔采用泥浆密封，最多可设置 6 个监测段，最大安装深度为 120 m。

MPSS 地下水分层采样设备具有一定的系统集成潜力，可集成压力温度传感器、潜水传导探头、电导率传感器、泥浆泵、采样泵或井下定深采样器等。

值得注意的是，早期研发的地下水分层采样系统（如 Waterloo 地下水分层采样设备、Westbay 地下水分层采样设备、MPSS 地下水分层采样设备）主要针对深度超过 200 m 的能源与废弃物地质储存领域，如油气增采、深部地热开采、核废料地质封存、二氧化碳地质封存。所以，早期研发的地下水分层采样系统多以不锈钢材质为主，系统构成复杂，部署深度普遍较大，部署数量及应用领域受限。

2.2.4　FLUTe 地下水分层采样

柔性管线（FLUTe）地下水分层采样技术的首个商业化应用是 1997 年美国的 Oklahoma 项目。此地下水分层采样设备区别于其他一孔多层技术方案，其地层封隔通过外套氨基甲酸酯的不透水柔性尼龙纤维管遇水膨胀而在井孔中实现非监测段的全线密封，在柔性尼龙纤维管内添加水或水泥浆提供孔壁密封压力，管外设置套管及蠕动泵实现采样。管线中的采样端连接外径为 4~13 mm 的小直径管，管线设备通过转轴下井安装，并将监测元件布设在合适的位置，每个端口均设置传感器，可实现水位或压力测量，亦可实现地下水位以上的气体监测。系统依客户要求可定制化生产，船运至指定地点安装，其地下水分层采样设备均可回收。

FLUTe 系列产品的共同特征在于：井孔通过柔性管线密封，地下水分层采样设备均可回收，安装时间可控制在一天以内。其最大优点在于：适用于已有供水井或监测井的改造，且设计上完全克服了流体混合问题。该系统产品可实现快速洗井和大容量容积采样，适用于任何尺寸的井孔（如井径 500 mm），甚至是变径井孔。但不适用于长滤水管加井壁填砾方案的井孔，因为井壁填砾区存在无法消除的流体混合问题。

FLUTe 地下水分层采样设备主要用于追踪地下水污染、表征地下水运移机制、获取沿井孔垂向水头分布、评估市政供水井水力性能、快速完整地密封井孔等。

2.2.5　CMT 地下水分层采样

连续多通道（CMT）地下水分层采样设备由滑铁卢大学的 Murray Einarson 于 1999 年研发，后授权加拿大 Solinst 公司商业化。相较于前述四种地下水分层采样设备，CMT 地下水分层采样设备凭借其低廉的监测成本在国际上得到迅速推广。该技术在中国地下水采样和污染场地治理方面的工程应用也很多，如北京、天津、广西等地区以及黑河流域建成数十口 CMT 地下水分层采样设备，中国地质调查局水文地质环境地质调查中心基本实现了国产化。

CMT 地下水分层采样设备采用传统挤出式柔性聚乙烯多通道管，轻便柔软，方便技术人员现场下井安装；监测段 3 层或 7 层可选，钻井工艺宜采用声波法或直推法。CMT 地下水分层采样设备的适用深度小（不超过 100 m），一般来说，回填工艺可应用于未固结的沉积层的地层封隔，封隔器可应用于基岩井或多滤管井孔的情况。除了拥有成本低的突出性优势外，CMT 地下水分层采样设备还具有技术原理清晰、全线无接头设计保证井下泄漏风险低的优点。但该系统也存在一定的局限性，如：深度有限（目前工程应用不超过 7 m）；空心的多通道管因浮力作用，下井安装困难；地层封隔效果不稳定；采样需配备小型采样泵，采样耗时长，系统集成潜力差。

为长时间监测黑河流域地下水水文地质信息，研究地下水化学垂向分布特征，了解矿化度和主要离子浓度随深度的变化规律，探讨蒸发作用对浅层地下水化学的影响，自 2001 年起，在黑河流域额济纳旗、酒泉、张掖等地累计布设超过 10 口 CMT 地下水分层采样设备，验证了地下水分层的有效性和监测数据准确性。

值得说明的是，随着经济发展与技术进步，一孔多层地下水环境监测技术在浅部地层应用的经济可行性逐步提高，应用深度逐步由千米级扩展至二百米以内。经过阶段性发展，地下水分层采样系统因技术进步和塑料材质产品的出现，成本显著降低，系统构成日趋紧凑，孔径逐渐小体积化，部署数量及应用领域显著扩大。但是，应用中仍然存在若干技术瓶颈，如地下水采样耗时长、效率低，监测井管径缩小受限等。初步分析这些技术瓶颈产生的原因发现，上述现有的 5 种一孔多层系统的工作原理均基于泵式采样技术，即采用蠕动泵、气囊泵等电动采样泵逐层逐个抽吸不同深度地层的地下水。应对这些技术瓶颈需要从工作原理上改进，即需要研发地下水分层监测新技术新方法。

2.2.6　地下水 U 形管分层采样

不同于前述 5 种代表性地下水分层采样设备，地下水 U 形管分层采样设备基于气驱式技术，通过替代旧有泵式采样技术，克服了地下水分层采样技术面临的共性问题，使得地下水分层采样设备井管内径缩小不再受限于采样泵外径，应用深度扩展不再受限于采样泵的功率扬程及工作环境，从而缩短了地下水分层采样时间，提高了工作效率。地下水 U 形管分层采样的工作原理是：地层赋存的地下水经监测井内置过滤器、单向阀进入地下储流容器，在地面通过压缩气体对监测井井头驱动端加压驱替，从而在监测井井头采样端得到指定地层深度的高保真地下水样品。

地下水 U 形管分层采样技术的发展历经了三个标志性阶段。第一阶段：1973 年，Warren Wood 将单向阀引入早期的多孔杯采样技术，采样深度从地下 10 m 提升至理论上的任何深度。此阶段为 U 形管技术的出现奠定了理论基础。第二阶段：2004 年，美国劳伦斯伯克利国家实验室的 Freifeld 首次研发了基于 U 形管原理的深部地下水分层采样设备，在能源与废弃物地质储存领域超过 7 项工程应用，其中 2009 年美国 Cranfield 工程的应用深度达3200 m。此阶段标志着 U 形管技术在工程上可行。第三阶段：2015 年，在突破井下淤堵、系统脆弱、耐久性等技术瓶颈，以及大幅降低成本的基础上，中国科学院武汉岩土力学研究所研发了适用于浅层地下环境监测的地下水 U 形管分层采样设备，该设备在能源与废弃物地质储存领域历经 8 处工程场地超过 30 口一孔多层地下水采样井的示范验证。此阶段标志着 U 形管技术渐趋成熟。

地下水 U 形管分层采样设备逐步扩展至跨领域交叉应用。2014 年应用于内蒙古鄂尔多斯的神华 10 万吨/年二氧化碳地质封存示范工程，在二氧化碳注入井周围部署 7 口深 20~24 m 的地下水 U 形管分层采样设备，分 2 层取地下水和 2 层取土壤气监测，以获取浅层地下水水化学背景值，监测二氧化碳地质封存因逃逸泄漏引起的地下水环境变化。2015 年应用于吉林油田大情字井区二氧化碳驱替增采石油试验区，项目位于吉林省松原市，部署 11 口监测井，深 20 m，分 3 层监测油田增采区地下二氧化碳气体由下至上泄露及迁移路径，预警识别泄漏源。2017 年由中国地质调查局武汉地质调查中心示范应用于水文地质环境地质领域，项目位于湖北省孝感市，井深 20 m，在井孔直径 90 mm 的狭小空间内实现了 9 层不同深度不同目的的分段监测，主要用于研究地表水-包气带-地下水的转换规律。

对比前述 5 种地下水分层采样井，地下水 U 形管分层采样设备的独特优势在于：① 地下水分层监测精度高、数据代表性强。独有的单向阀有效隔断了地层赋存的地下水与地表大气的物理联系，避免了地下水样品因温度压力条件改变及与地表物质交换而产生不利影响；基于气驱式原理进行原位被动式采样，通过控制地下水原位采样过程对地层的弱扰动来提高数据的代表性；通过滤水管和井下储流容器的优化设计及洗井操作，从系统设计上减轻了残余液干扰。② 地下水分层采样效率高，采样时间显著缩短。通过系统结构设计减小井下残余液体积，有效缩短了单次采样时间。此外，地下水分层采样系统采样方式由传统泵式采样技术的逐层抽吸转变为地下水 U 形管分层采样设备气驱式采样技术的多层同时驱替，有效提高了分层采样效率。③ 地下水采样深度的适用范围极大扩展，不受采样泵扬程或功率的限制，从地下-10 m 到-3200 m 均有工程应用。④ 突破了监测井管径缩小受限的瓶颈，使得管径不受采样泵外径尺寸的限制，从而提高了地下水分层采样设备技术的集成潜力，减小了钻孔孔径，有效降低了综合成本。

2.2.7　国内外技术对比

基于前述地下水分层采样监测技术及 6 种代表性产品介绍，进一步开展设备性能对比（见表 2-2）。在国内外技术对比的基础上，分析"卡脖子"问题（材料、设计、原理等），并制定研究内容及技术方案。

表 2-2　地下水分层采样监测设备的优缺点及性能对比分析

名称	研发时间	原理特征	地层封隔	系统集成	优点	缺点
Waterloo 地下水分层采样设备	1984 年	采用 80 型 PVC 管（内径为 50.8 mm），最多设置 15 个端口，通过微型双阀双采样采样	化学式封隔器（永久密封），遇水膨胀式封隔器（回收设备）；回填工艺（φ> 130）	水位计、传感器	化学活性小；自膨胀式永久封隔器，精密泵和传感器，或选择蠕动采和水位尺；仅测水头时利用更多监测通道；安装适用于各种钻井工艺，管材料提供多选；定制化设计	与不锈钢元件的接口困难；封隔器限制了孔径应用直径小于 13 cm；自封膨胀封隔器失效时无法检出，但材料的化学自膨胀特性可使泄漏减少
Westbay 地下水分层采样设备	1987 年	由管线、移动式探头及数据采集模块三部分构成，其中管线内径为 38 mm 或 55 mm	封隔器（φ76～160）；回填工艺（φ> 130）	线性阵列传感器监测水头、单弦式防水套管、抽水泵及其他传感器	化学活性最小，污染性小；安装方便，不易塌孔，分层采样不需要重复洗井；监测段数最多；避免井下设备失效维护，安装后测试封隔器质量；抽水试验过程中测试水头受到的约束最小；可依据现场条件定制化设计	配置 MOSDAX 单点传感器时仅能监测一个点的水头，配置线性阵列传感器时能同时连续监测多个点的水头；最大采样容积为 1 L，需要大采样容积时要变更井下设计；现有版本的抽水泵不能重复使用
MPSS 地下水分层采样设备	早于 2003 年	由竖管、泵管、支架、过滤器等构成，PVC 材质，竖管内径为 20 mm，通过采样泵或井下采样器采样	回填工艺	温度、电导率、压力传感器、潜水传导器探头、泥浆泵采样泵等	不锈钢制造，提高系统耐久性和采样；完整性；易于安装与操作；模块化设计，可依据现场条件定制化设计	价格相对昂贵；系统兼容性精差；采样需要电泵采水器

续表

名称	研发时间	原理特征	地层封隔	系统集成	优点	缺点
FLUTe 地下水分层采样设备	1994年	连续柔性氨基甲酸酯包裹的尼龙纤维管,适用于φ76~500井孔,通过直径4~13mm的小管线和泵进行采样	非监测段全线密封,通过水或水泥浆为性密封,柔性尼龙纤维管提供密封压力	各端口设置传感器,如水位传感器、压力计、压力传感器等	方便维修、更换和回收;除采样段外全部密封,可通过内外水位测量检查密封效果;最小采样容积,设计不受元件长度约束;瞬时快速大流量地对所有采样段同时洗井;仅测水头时可利用更多通道,承压含水层;特别适用于自流井,承压含水层;特别适用于倾斜钻孔或落岩溶区钻孔	化学活性(污染)最强,但是大容量快速洗井系统大大减少了反应时间;某区域局部水头超过混合点的密封时,可能会削弱该处的密封;水头极低的深度范围固容易导致软管破裂失效
CMT 地下水分层采样设备	1999年	挤出式柔性多通道聚乙烯管,监测井外径为40.6mm,监测通道内径为10~20mm,通过小直径采样采样	回填工艺	小直径水位尺,小尺寸精密传感器	成本最低,安装过程简单,不需要专业培训;使用套管时适用各种井钻工艺,配套井头设施最简单;定制化程度最高;通道连续,无接头,无泄漏风险最小;采用小直径水位尺传感器;多种采样方法可选(如双阀水泵、蠕动泵、惯性泵等)	化学活性中等;监测段不超过7层;膨润土和砂的回填工艺;通道版本;新的CTM封隔器正在开发中
地下水U形管采样设备	2014年	气驱式采样及U形管单向设置阀,井头通过压缩气体采样	回填工艺;化学注浆封隔	传感器	地下水、土壤水、土壤气一体化采样;样品精度高,代表性强;技术集成潜力大,场地适应性强;原理上适用于任何深度;适合长期固定监测,全流程监测成本低	管路易堵塞失效;不适用于不溶于水的污染物监测;采样容积较小,设备不宜回收;分层采样层数有限,一般不超过5层

地下水分层采样监测系统主要由管线、取样监测和地层封隔 3 个部分构成，如图 2-2 所示。通过管线部分连通井下多个不同地层深度的监测段；取样监测部分对应井下传感器、井下采样部件、采样泵等；地层封隔旨在对不同深度的地层流体进行止水封隔。早期地下水分层采样技术限于技术瓶颈和经济可行性，一般应用于深部油气开采、能源与废弃物地下储存领域，应用深度超过 200 m，如 Waterloo 地下水分层采样设备、Westbay 地下水分层采样设备、MPSS 地下水分层采样设备。其技术共性问题在于：管线部分采用多根独立竖管通往井下不同深度的监测段，导致监测层数受限、施工工艺复杂、技术故障频发；取样监测部分基于泵式采样技术，采样动力借助电泵，导致分层采样耗时长、效率低，采样管管径缩小受限于电泵尺寸，应用深度受限于电泵扬程；地层封隔部分有待研发适用于浅部地层低压无腐蚀条件的新型地层封隔技术。

鉴于此，新一代地下水分层采样监测技术主要从 3 个不同方向进行研发（见图 2-2）：① CMT 地下水分层采样设备从管线部分进行研发，基于一体化 HDPE 多通道管改进，使得原监测井多根独立管线及井筒套管集成为一根标准化多通道管，从而扩展了监测层数，提高了地下水分层采样系统安装的成功率、规范性和耐久性，减少了地下水分层采样系统的建造成本，降低了施工难度。② 地下水 U 形管分层采样设备针对地下水采样工作原理研发，通过气驱式采样技术替代原泵式采样技术，使得地下水分层采样效率显著提高，地下水分层采样设备管径缩小不再受限于采样泵尺寸，单向阀隔断及井下被动式弱扰动采样技术进一步提高了样品代表性和精度。③ FLUTe 地下水分层采样设备针对地层封隔部分进行了技术革新，采用新型遇水膨胀的柔性材料，提出沿井壁全线密封止水的新技术方案，以替代价格昂贵的传统橡胶式封隔器或技术效果不稳定、施工复杂的回填工艺。

从不同的一孔多层技术方案的经济性对比来看，针对 30 m 深地层分 3 个监测层位的应用场景，巢式监测井成本最低，其次是 U 形管、丛式和 CMT 技术方案。然而，随着监测层位的增多，巢式和丛式技术方案的钻井成本大幅增加，其增幅超过材料设备费，使得传统技术方案的综合成本暴涨。当监测层数逐步增加时，U 形管和 CMT 技术方案的经济性表现稳健，费用仅为 25000 元左右，综合成本低于传统的巢式和丛式技术方案，远低于其他地下水分层采样技术。而 Waterloo 和 Westbay 技术方案由于价格较高，应用于深度过浅的工程尚不具备经济可行性。

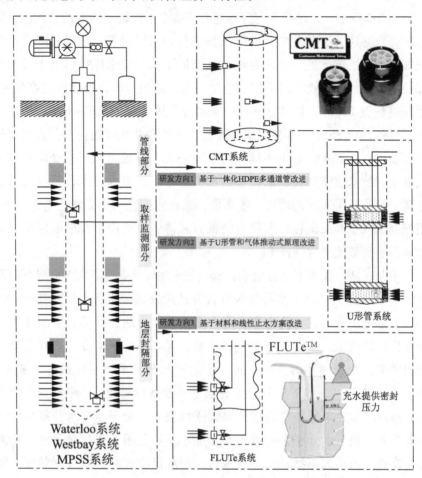

图 2-2　国内外地下水分层采样监测技术研发趋势

　　如上所述，丛式和巢式等传统技术方案的成本较低。但随着应用深度或监测层数的增加，一孔多层地下水分层采样设备的成本优势逐渐凸显，经济可行性显著提升。其中，U 形管和 CMT 技术方案的经济可行性最优。

　　以地层深度 60 m 以内为例。浅部地层通常为未固结松散层，地下水受人类活动影响较大，是工程建设、地下污染物监测和地下环境评估的主要深度范围。U 形管地下水分层采样设备具备浅层地下水、土壤水、土壤气一体化分层监测的独特优势，并且具有良好的集成潜力，适合定制化设计；CMT 地下水分层采样设备成本低、下井安装方便；FLUTe 地下水分层采样设备适用于孔径大于 130 mm 或井壁变径的情况，或地层封隔要求较高、地下水压力较大等不利情形。而 Waterloo 地下水分层采样设备、Westbay 地下水分层采样设备、MPSS 地下水分层采样设备在此深度范围不具备经济可行性。

　　基于前文地下水分层采样技术的研发趋势分析，结合已有工作基础，本章拟从原理突破，开展地下水 U 形管分层快速采样技术研发。拟解决的关键技术问题包括：地下水分层采样效率低、耗时长；地下水采样扰动大，地下水样品代表性存在偏差；采样管径尺寸缩小受限，井下技术集成能力低。

2.3　地下水 U 形管分层采样技术的发展历程与技术瓶颈

　　什么是 U 形管分层采样技术？该技术的历史发展进程如何？全球应用该技术的工程案例出现了哪些技术问题？该技术大规模推广应用前需要克服哪些技术瓶颈？浅层地下水 U 形管分层采样装置有哪些实质性技术进步？研发历程中经历了哪些技术问题与实际困难？本节将围绕上述问题具体展开。

2.3.1　地下水 U 形管分层采样技术的发展历程

　　地下水 U 形管分层采样技术的发展历程如图 2-3 所示。该技术在成型和成熟之前，源自早期的多孔杯采样器（porous cup sampler）。据悉，早在 2500 年前埃及人和希腊人就掌握了 "positive displacement pumps" 的原理雏形并用于采样。多孔杯采样技术发展至 1904 年时，Briggs 和 McCall 披露：该技术是当时唯一能从土壤中取得水样的原位采样技术。随后，Wagner 于 1962 年大幅改进了该采样技术，Parizek 于 1970 年进一步改进该技术并将其命名为抽吸式蒸渗仪（suction lysimeter），原理结构如图 2-4 所示。

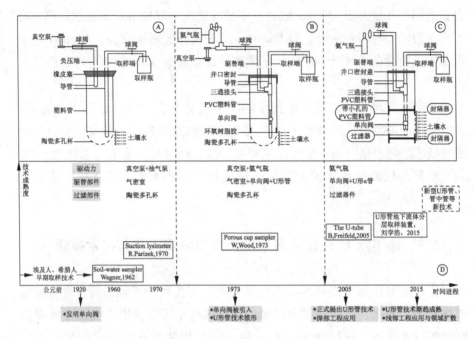

图 2-3　地下水 U 形管分层采样技术的发展历程

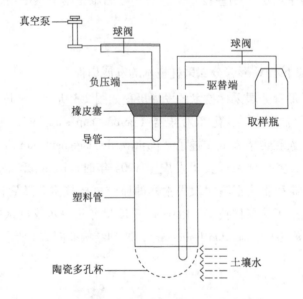

图 2-4　气驱式地下水多孔杯采样技术原理

　　该技术主要由陶瓷多孔杯及其上部的橡皮塞和塑料管来提供气密和水密的真空环境，其中塑料管最长不超过 10 m。当陶瓷多孔杯接触到潮湿土壤时，其表面均布的微小孔隙因为毛细吸力使得土壤中所含的水渗入多孔杯内部并储存于容器中，而土壤中其他固体成分因颗粒粒径大于多孔杯的微小孔隙而被阻隔在外部。该多孔杯的孔隙微小到抽气后充水的多孔杯因负压能够抵抗住大气压力而被密封。采样时，气体通过地面的真空泵抽出，导致陶瓷多孔杯内负压，使得杯内通过调整气水界面来克服大气压力。由此，在真空泵吸力大于土壤中陶瓷多孔杯壁面吸力的情况下，地下水将通过腔体流入采样瓶，然后完成采样操作。

早期的多孔杯采样技术存在诸多限制。首先，该流体技术理论应用深度不超过 10 m，且受限于真空泵所能提供的最大负压吸力（相当于 10 m 水柱）；其次，该设备的管路和连接部件因密封问题影响负压真空度，导致采样不稳定、额定采样能力逐步降低；最后，回填料夯实不完全使得多孔杯周围出现空隙，从而进一步影响其采样性能。

1973 年，Wood 提出重大改进方案，使得采样技术应用范围从之前的地下 10 m 提升至理论上的任何深度。涉及的三项重要改进如下：① 相对于原有的多孔杯采样技术，新技术方案在流体采样回路中首次创新地引入单向阀；② 采样时驱动力用氨气瓶的驱替作用替代了原真空泵的抽吸负压作用；③ 地下管路由三通连接的 U 形管替代了原两条独立管路。改进后的技术原理结构如图 2-5 所示。

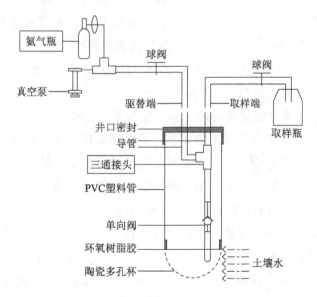

图 2-5　改进型气驱式地下水多孔杯采样技术原理图

单向阀这一重大改进值得重点说明。1920 年前后，包括特斯拉在内的多位天才发明了不同类型的单向阀，并将其逐步推广应用至工业领域。直至 1973 年，单向阀才被正式应用至地下水采样领域，该应用对地下水 U 形管采样技术的产生具有决定性意义。而随着时间的推移与协同技术的配套发展，标志着 U 形管采样技术产生的单向阀仅在半个世纪后就成为该技术成熟应用时的技术瓶颈。

这个阶段的 U 形管采样技术还不是真正意义上的 U 形管采样技术，因为地面采样系统中仍然包含真空泵，地下水进样系统中仍然采用陶瓷多孔杯。此外，至少存在两个影响其采样代表性的问题：① 宏观孔隙尺度上所取的地下水的离子浓度不等同于微观孔隙尺度所表现的情况；② 陶瓷多孔杯的壁面因离子吸附作用使得采样部分失真。

2004 年，美国劳伦斯伯克利国家实验室的 Freifeld 开发了地下水 U 形管分层采样系统，技术方案上剥离了陶瓷多孔杯部件，标志着 U 形管采样技术现代意义上的诞生；工程上证实了 Wood 所说的"该技术理论上能应用于任何深度"。该系统首次在美国 Frio 示范项目中的应用深度达 1513.9 m，突破了多孔杯采样技术一直以来仅限于 10 m 的瓶颈，目前在 Cranfield 项目中的最大应用深度达 3200 m。但值得特别说明的是，该系列 U 形管在工程应用中出现了若干技术问题，其中单向阀的淤堵和整个系统的脆弱性是影响该技术进一步推广的技术瓶颈。另外，该系列 U 形管采用的配套技术方案及材质选择导致成本过高，市场推广尚不具备经济可行性。

2015 年，中国科学院武汉岩土力学研究所研发了浅层地下水 U 形管分层采样装置。研究人员采用实证可行的组合技术方案代替原陶瓷多孔杯的渗透、过滤、反向气密封等功能，在一定程度上克服了 U 形管采样装置在现场应用时一直存在的容易淤堵坏死、系统脆弱易失效等难题，较大幅度提升了该技术的稳定性。该装置采用全塑料材质组装、复合过滤装置等技术方案，已成功应用于胜利油田、神华宁煤煤制油示范工程、吉林油田等二氧化碳地质利用与封存领域的多个工程项目。

在此基础上，2020 年前后中国地质调查中心武汉地质调查局进一步研发了污染场地地下水分层快速采样技术、地下水分层探测技术装备，研发了井口多层同时驱替快速采样技术，研制了同径止水机械膨胀式封隔器，提出了井下座封解封可回收的地下水分层探测技术方案，并成功应用于水循环与水文地质、场地土壤与地下水污染领域。

综上所述，地下水 U 形管分层采样监测技术历史上关键的发展节点有 3 个：

（1）1973 年引入单向阀，采样深度理论上从 10 m 扩展到任意深度，标志着 U 形管采样技术在理论上可行；

（2）2004 年工程应用深度达到 1500 m，技术方案上剥离了陶瓷多孔杯部件，标志着现代意义上的 U 形管采样技术出现；

（3）2015 年淤堵、系统脆弱等技术瓶颈的解决，全塑料材质和系统优化设计等经济竞争力的提升，标志着 U 形管采样技术渐趋成熟，工程上适用于任何深度，并逐步推广至其他领域。

1973 年以来，地下水 U 形管采样监测技术主要通过中美 3 个研究团队的研发推进，截至目前历经 10 余个现场示范，技术渐趋成熟稳定。

2.3.2　地下水 U 形管分层采样监测技术全球工程应用案例

从 2004 年首个示范工程开始，到 2016 年为止，地下水 U 形管分层采样技术在全球累计开展了 17 处场地试验和项目应用，其工程应用分布如图 2-6 所示。本小节重点介绍各项目中 U 形管应用的特点以及工程中出现的技术问题。

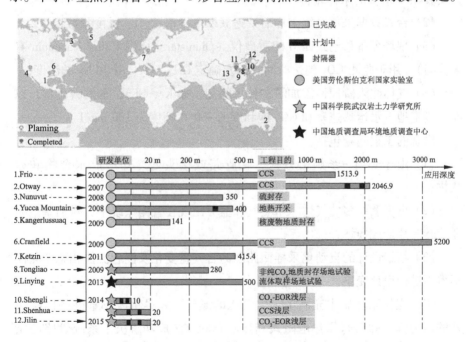

图 2-6　地下水 U 形管分层采样监测技术全球工程应用分布（截至 2016 年）

1. 美国 Frio 咸水层封存示范工程

Frio Brine Pilot 是全球第一个采用 U 形管技术进行深部流体采样的现场示范项目，场地位于美国得克萨斯州的代顿（Dayton），旨在评估 CO_2 泄漏对浅地表水力学、地球化学的影响，并对比挑选能有效捕捉 CO_2 羽形状和分布的监测方法。2004—2006 年，其累计注入近 2000 t CO_2 至地下 1.5 km 深的砂岩地层。除地表变形和井间地震监测外，还采用地下水 U 形管采样技术来监测离注入井 30 m 处 CO_2 羽通过时的地球化学变化，以获取注入井加入示踪剂到达监测井的时间。U 形管导管选用 3/8 不锈钢管，壁厚为 1.2446 mm；埋深为 1.5 km；一次最大采样容积为 118 L。在设计上，U 形管每两次的采样容积等于单向阀进口端下部至射孔段上部之间的死体积；其采用穿孔的气动式封隔器封隔射孔段地层，具体位于地下单向阀进口端上 30 cm，射孔段以上 14.3 m。

为实现现场监测数据的实时反馈，以指导工程决策和反映监测参数的瞬时变化，做了如下努力：

（1）为了在样品汽化前测量溶液的 pH 值，将型号为 TB567 的高压 pH 计安装在 U 形管的采样端；

（2）台式数据采集系统采样后快速获取电导率、pH、碱度参数；

（3）现场配备移动式四极杆质谱仪（Omnistar，德国 Pfiffer Vaccum 有限公司），用于监测 CO_2 到达时间，以及确定 CH_4、O_2、Ar 和 N_2 的浓度；

（4）气体注入阶段性添加了多种示踪剂，如 Kr、SF6、全氟碳化物，以助于确定地下水运移速率和 CO_2 饱和度的变化，精度为 100 mg/L。

出现的工程问题包括：

（1）由于焦耳-汤姆逊效应，在管路或接头处冷却形成水合物和冰状物；

（2）出乎意料多的气体、水蒸气和盐分出现在管路系统中，对油基电泵和旋转叶片造成损坏；

（3）精细设计的自动化采样回路因为含气量变化及混合流体相态变化而不得不进行设计变更。

该工程使采样瓶中充满 1 个大气压的氮气，并尽量减小管路阀门接头处的压力降，然后采用热电阻式和热胶布的方法成功解决了系统管路的淤堵问题。

2. 澳大利亚 CO_2 CRC Otway 枯竭天然气田 CCS 示范工程

场地位于澳大利亚维多利亚州坎贝尔港西北向 25 km，尼兰达南部附近。示范项目关于地球化学方面的监测目的在于：构建一套性能稳定、高精度的地下水采样和分析装置；提升对 CO_2-CH_4-Water-Rock 相互作用中地球化学反应过程的认识；制定商业化地质封存项目监测方案的指南；达到环保部门相关要求，提升政府部门、公众的接受度和信心。

从 2008 年 3 月 18 日开始，项目试验累计将 10 万 t CO_2（混有部分 CH_4）注入地下 300 m 深的含气地层，通过 3 层 U 形管采样监测来评估注入过程带来的地球物理或地球化学影响。其中，3 层 U 形管被封装成一个整体通过油田常用的抽油杆下放至地下 2 km，第 1 层 U 形管安装在盖层上方，主要取超临界 CH_4；第 2 层、第 3 层 U 形管分别安装在气水界面以下 1.5 m 和 6 m。这 3 层 U 形管的上端由封隔器密封。

从监测井中可以观测到 CO_2 的突破过程。其中，流体采样对确定突破非常关键，且保压流体采样分析的精度优于卸压后的流体样品。地下水 U 形管分层采样技术再次被证明是一种长期稳健的监测系统，能持续提供 CO_2 注入枯竭油气田过程的地球化学数据。

工程中出现的技术问题：井下流体在采样过程中析出了天然蜡质链烷烃（n-C_{27}，熔点约为 41 ℃），流动至管线接头处冷却凝固，从而包裹在采样管路的内管壁，最终完全堵塞第 1 层 U 形管采样回路。该周期性蜡封堵问题通过高压活塞泵注入解决效果最好的 Solvesso-100（由 ExxonMobil 公司提供，包括 C_{9-10} 二烷基苯和三甲基苯溶液）冲洗消除，2007 年 10 月安装的 3 层 U 形管迄今均工作正常。

3. 加拿大 Nunuvut High Lake Site 硫封存工程

该工程将一口旧井扩深为监测井来表征亚冻土区的微生物群落。该监测井包括 1 层 U 形管、1 个压力温度传感器和 1 个气动式封隔器，这些设备通过人力逐步下井至 350 m 深，井孔直径为 75 mm。U 形管采用 1/4 不锈钢管作为采样管和驱动管管线。为防止结冰，采样回路采用 20 W/m 电阻式沿井孔全线供热。工程中出现的技术问题为采样管路因通过高矿化度区域（黄铁矿含量超过 50%）和-6 ℃的低温环境而结冰堵塞。到系统管路完全淤堵失效为止仅获得 7 次样品。

4. 加拿大 Yucca Mountain 工程

监测井位于 Amargosa 山谷，4 层 U 形管布设在 2 个区域，埋深分别为 265 m 和 350 m，配备分布式温度传感器 DTPS。为尽量减小钻井污染，采用气举反循环双壁法成孔，砂和膨润土作为回填料封孔密封。初次所取的样品明显被污染，疑似来自钻井回填料的膨润土，多次循环采样后样品的浑浊度明显降低。

5. 丹麦 Kangerlussuaq 附近 Greenland Analogue 工程绿地模拟

场地位于康克鲁斯瓦格。U 形管放置在永久冻土层，采用采样回路外套保温护甲和加热电阻丝成功解决了采样过程中系统管路的结冰堵塞失效问题。

6. 美国 Cranfield CO_2-EOR 示范工程

场地位于美国密西西比州 Adams 县 Natchez 镇东部 20 km。截至 2011 年 8 月，以超临界态累计注入和封存约 3 亿 t 气体（95% CO_2 夹杂部分 CH_4），这些 CO_2 来自附近的 Jackson Dome 天然气田，通过管道运输 160 km 至驱油封存区。CO_2 注入井从 2008 年的 6 口增加到 2011 年的 24 口，CO_2 运移路径较复杂，各生产井和监测井的到达时间差异较大。

U 形管安装在地下 3.2 km 进行连续采样，连续的采样监测较好地表征了 CO_2 前缘通过监测井的地球化学过程。室内开展的实验（autoclave 实验）和现场采样监测数据较为一致地表明：不同于其他场地观测结果，地层条件下 CO_2-Rock-Brine 相互作用较为有限，对地层流体化学的影响不大，仅相当于岩石 0.002% 的碳酸盐矿物溶解。但在 2009 年 12 月 5 日至 12 日期间，该 U 形管因临时性淤堵失效而无法正常工作，因此下井式 Kuster 采样器被紧急装入地层，以替代 U 形管进行采样操作。2010 年 12 月中下旬，由于流动性好的 CO_2 逐渐填满监测井并将射孔段渗入的地层流体驱替置换，U 形管系统仅能取气。

7. 德国 Ketzin CO_2 地质封存工程

该 CO_2 封存场地位于 Ketzin 南部。工程研究目的在于通过基于井孔的监测技术评估潜在 CO_2 泄漏的影响，并通过水力压裂测试在更大区域内监测技术是否有效。通过地球化学分析得到地层水的背景数据，并进一步评估钻井液残余泥浆的污染及 CO_2 泄漏可能造成的地球化学影响。监测井可以进行温度压力连续监测和实时地下水采样监测，相对于泵式采样，U 形管采样需要较少的设备和日常维护，但初期安装成本高。

　　监测井目标层位是 Exter 地层（上三叠统），其中 Central Graben 断层带位于监测井西北向 1.5~2 km，该断层带可能形成了沟通封存区域（stuttgart formation）和监测井（exter formation）的水力联系。2011 年钻井，0~14 m 采用螺旋钻，14~155 m 采用旋转汽提掘进方法，155~404 m 采用螺旋钻和直接循环加 K55 号 5-1/2 寸不锈钢套管，目标层位 404~446 m 采用回收率为 97% 的下井式取芯钻，成孔直径为 123 mm。井头气密性良好，Leutert PK201 型温度压力传感器（量程 5 MPa，精度 0.5%）置于井下 417.8 m，U 形管地层流体进口深 415.8 m，如图 2-7 所示。井头压力通过位于地下 20.55 m 深的 Leutert PK221 型温度压力传感器（量程 0.3 MPa，精度 0.2%）测量。气体压力和温度通过 MWS 9-5 型原位气站记录。

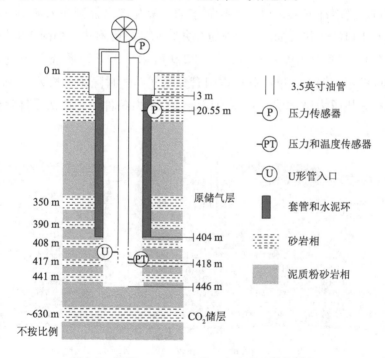

图 2-7　德国 Ketzin 场地地下水分层采样监测井

　　Wiese 等（2013）通过 U 形管采样系统采样，样品分析参照 DIN EN ISO 标准。在测试过程中，所有的流体样品均显示存在残余钻井液。通过添加荧光示踪剂来确定钻井液对样品的影响程度，截至 2012 年 10 月的分析结果表明：U 形管采样残余液影响程度为 0.6% 和 1.5%，而泵式采样残余液影响程度为 7.2%和 8.8%。目前尚无法得到完全不受泥浆污染的原状地层流体样品。

8. 内蒙古通辽非纯 CO_2 地质封存场地试验

场地位于内蒙古通辽市东北向约 41 km，属于松辽盆地西南部开鲁坳陷的钱家店坳陷，主要为辫状河流相，具有稳定的泥-砂-泥沉积结构。从水文地质条件来看，区域含水层稳定，呈多层结构，每层厚为 20~50 m。该场地试验将 20 万 t CO_2（混 10%的空气）注入 180~250 m 深的咸水层，目的是通过监测评估注入地层非纯 CO_2 的运移机制和地球化学行为。

现场试验设备包括 CO_2 储存罐、液态 CO_2 泵、气泵、加热装置、气体混合装置、井头装置和监测系统。其工作原理及操作过程如下：CO_2 从气罐出来，经液体泵调节流量和压力，经汽化器预处理防止注入时井下结冰，而后穿过压力缓冲容器，由压力控制室的二氧化碳泵控制注入流量。场地试验共有 1 口注入井（如图 2-8 中的 C 井）和 2 口监测井（如图 2-8 中的 B 井、A 井），等间距 10 m 布置，如图 2-9 所示。U 形管系统采用直径为 6.25 mm 的不锈钢管，单向阀前端引管穿越气动式封隔器，长为 20 m。井口处采样采用压力脉冲法，在原地层温度、压力条件下，单次采样量约为 3.2 L。

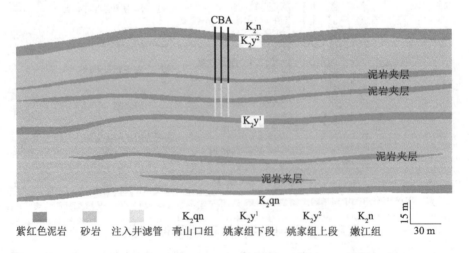

图 2-8　内蒙古通辽非纯 CO_2 地质封存场地井点布置及地层分布

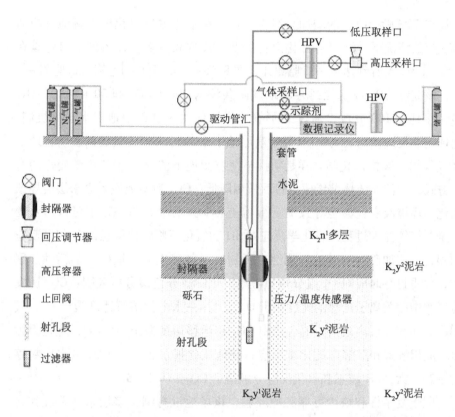

图 2-9　内蒙古通辽非纯 CO_2 地质封存场地地下水 U 形管分层采样监测图

样品每 4 小时采样一次，由 DZS-708 型多参数水质分析仪测试 pH、TDS、DO（溶解氧）、ORP（氧化还原电位）、HCO_3^-。pH 值曲线整体呈下降趋势，监测井一在 1.42~2.13 天之间出现较明显转折点，监测井二在 8.58 天附近，前一阶段 pH 值在 7.5 上下波动，后一阶段 pH 值在 6.7 上下波动；钙镁离子变化曲线总体上具有一致性，在 CO_2 到达时离子含量迅速增加，监测井一在 1.75 天时离子增加近 7 倍，监测井二在 8.85 天时发生突变；监测井一 TDS 在 1.75 天之后迅速增加，维持在较高水平，平均值为 1835 mg/L，监测井二在 8.41 天时由 1705.76 mg/L 突变上升至 1903.77 mg/L；氯离子、硫酸根离子较稳定，不易吸附或沉淀，通常作为地下水示踪剂，CO_2 注入对地层水中的这两种离子影响小，检测到离子变化主要由地下水自身非均匀性或采样测量偏差导致。对二氧化碳在浅部含水层封存现场试验进行研究，二氧化碳的注入对地下水化学成分影响很大，其中 pH 值下降，TDS、Ca^{2+}、Mg^{2+}、HCO_3^- 含量增加，对 Na^+、Cl^-、SO_4^{2-} 的影响较小。地下水中 Ca^{2+}、Mg^{2+} 离子总量与 TDS 随 HCO_3^- 的增加呈线性增加。在不考虑二氧化碳溶解与反应滞后效应的情况下，综合各种化学特征及实验现象判断，注入的二氧化碳在 1.58~1.92 天时到达第一口监测井，在 8.58~8.75 天时到达第二口监测井。

该非纯 CO_2 咸水层封存场地试验共注入 200 t CO_2 和 30 t 空气（O_2、N_2）至地下 180 m 深，通过 U 形管采样评估注入过程中地下水运移机制、地球化学反应及潜在 CO_2 泄漏对浅层地下水的影响。试验数据表明：地下水（气相、液相）化学采样是项目早期监测地下流体运移和化学变化的有效方式，但注入流体前缘驱替过后效用降低；CO_2 泄漏或侵入含水层会导致水化学环境改变，甚至导致 F、Pb 等有毒物质释放，影响地下可饮用水的安全；气体注入过程中，化学反应对 pH 和氧化还原电位敏感，O_2 组分反应剧烈，会增加矿物和其他还原性有毒物质（如硫铁矿、铀矿）的活性。因此，地质封存时应对 O_2 组分慎重考虑。化学成分色谱分析表明：CO_2 诱发地层水中相关离子迁移的速度快于 O_2，但其在水中的溶解速度慢于 O_2。气相成分亦存在层离现象，混合物中 CO_2 羽运移速度慢于 O_2、N_2，这是因为 CO_2 液相溶解和溶解态的化学反应；场地试验揭示了非纯 CO_2 咸水层封存的示踪元素，pH 敏感和氧化反应分别指示 CO_2、O_2 迁移。

限于复杂性和缺少可靠工程经验，该场地没有测试多层采样系统和合适的封隔器，导致各地层地下水连通汇集，使采样产生不确定性，数据存在局部偏差。

9. 河南临颍地下水 U 形管采样场地测试

为提高国内地下水采样技术水平，满足地下水污染防治和监测，提升样品代表性，以及降低采样成本，中国地质调查局水文地质环境地质调查中心进行了"气体置换式采样器"的研制和场地试验。

单向阀组件为自主设计，球阀的工作原理为采用较低的驱动压力实现安全采样。组件下方为地层流体入口，上方左边连接送气管线，右边连接采样管，主体部件体积为 50 mm×22 mm×58 mm。筒体的一个端口连接定位机构，另一个端口连接低压控制端（外接压力源），筒体内置活塞（呈 U 形，扣合在弹簧上、套密封圈）和弹簧，筒体壁上开设一组筒壁通孔，实物如图 2-10a 所示。

U 形管管线采用高压钢丝缠绕软管，驱动管内外径分别为 7.5 mm 和 11.6 mm，采样管内外径分别为 8 mm 和 14.3 mm，承压能力不低于 55 MPa，由一层耐液压流体的橡胶内衬、以交替方向缠绕的钢丝增强层和橡胶外覆层构成。

地面控制箱可实现自动、充放气，耐压 5 MPa，时间调节范围为 0 ~ 999 s，具有耐高压、自动控制及参数可调的特点，目的是调节驱动管的送气、放气时间以及气体压力，如图 2-10b 所示。

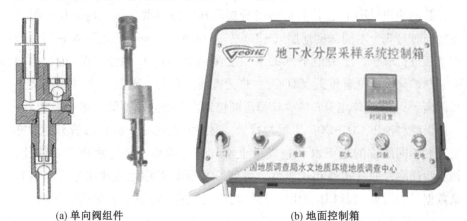

(a) 单向阀组件　　　　　　　　　　　　(b) 地面控制箱

图 2-10　河南临颍场地地下水 U 形管分层采样设备

现场试验场地位于河南省临颍县，由一口地热井改造而成，深 1206 m，静水位 35 m。管井结构（由上至下）：0 ~ 168 m 为 ϕ273 mm×7 mm 螺旋钢管；168 ~ 1206 m 为 ϕ159 mm×6 mm 钢管及同径桥式滤水管。

场地试验时井下分 270 m、370 m 和 500 m 三个递进阶段单次循环采样。在 500 m 深度条件下，U 形管平均单循环采样量为 20 L，采样时最大流量达 40 L/h。采样压力小于 1 MPa 时不出水，提升到 2 MPa 时开始出水，平均流速为 10.08 L/h，测试采样压力最大为 3.5 MPa，最大流量为 40.5 L/h。结合二氧化碳地质封存监测井采样的实际需求，中国地质调查局水文地质环境地质调查中心根据 U 形管原理自主设计了一套 U 形管采样器。现场试验采样深度达 500 m，采样流量为 40 L/h。测试过程中存在的问题是：试验现场未设置封隔器，无法实现分层采样；系统中的单向阀组件、管线接头等部件在上下井过程中磨损严重；单向阀阀体锈蚀，堵塞失效。

10. 胜利油田 CO_2-EOR 工程应用

胜利油田位于山东省淄博市高青县唐坊镇樊 89 区块。CO_2 注入规模达 60 万吨/年，注入深度约为 3000 m，注入的 CO_2 来自胜利油田电厂燃煤烟道气（纯度为 99.5%）。该工程在实现 CO_2 减排封存的同时有效提高了原油采收率，实现了社会环境效益与经济效益。

为了确保 CO_2-EOR 规模化安全操作，监测预警可能发生的 CO_2 泄漏，并提供未来行为预测的信任，胜利油田制定了详细的监测方案。其中，为了预警封存在地下的 CO_2 是否泄漏至地表并评估其泄漏对浅层地下水的影响，胜利油田采用了地下水 U 形管分层取样监测装置，该现场原位监测设备能同时对 3 个不同深度地层（-2 m、-6 m 和 -10 m）的地下水和包气带土壤气进行取样。浅层地下水的水质监测内容为：① 温度、pH 值、电导率、总矿化度、总有机碳（TOC）、总无机碳（TIC）、碱度；② 主要阴离子和阳离子；③ 气体组分；④ ^{13}C 稳定同位素。监测频率不低于每月一次。

以胜利油田 CO_2-EOR 工程为背景，通过网点式地下水 U 形管分层取样装置对不同层位的地下水和包气带土壤气进行取样。经过水质分析对比，初步验证取样的真实性和代表性，得到 CO_2 驱油封存区域浅层地下水的背景数据，为后续识别 CO_2 泄漏并评估其对浅层地下环境的影响奠定基础。

11. 神华 10 万吨/年 CCS 示范项目

神华集团开展的"神华 10 万吨/年 CCS 示范项目"是世界上第一套全流程咸水层 CCUS 示范工程，注入点位于内蒙古鄂尔多斯市东南 45 km 处，东经 110°3′10″，北纬 39°19′41″，海拔 1251.7 m。示范工程利用捕集、压缩、液化、提纯、储运、封存等工艺将二氧化碳埋存于 1300~2500 m 地层中，初期规模每年注入 10 万吨。

为获取浅层地下水水化学背景值，监测二氧化碳地质封存因逃逸泄漏可能引起的水质变化，研究二氧化碳地质封存水质监测技术方法体系，需要在示范工程区开展水化学监测。首先通过附近民用水井、生产井、河流、泉水取样监测获取足够有代表性的环境信息，然后在封存区现场多个监测点布设固定式浅层地下水 U 形管分层取样装置。

核心监测区共分布 7 个监测点，编号为 SH-1 至 SH-7，井点布置如图 2-11 所示，现场施工如图 2-12 所示。监测点布置原则：以"中神注 I 井"为中心点，按地下水流向呈 3 条扇形放射状监测井网。但限于工程现场施工，监测点必须布设在 120 m 长的矩形围墙内，且选点钻孔时需避开封存区内相关障碍，包括地下动力电缆、地面配电柜、罐区、已有井孔等。

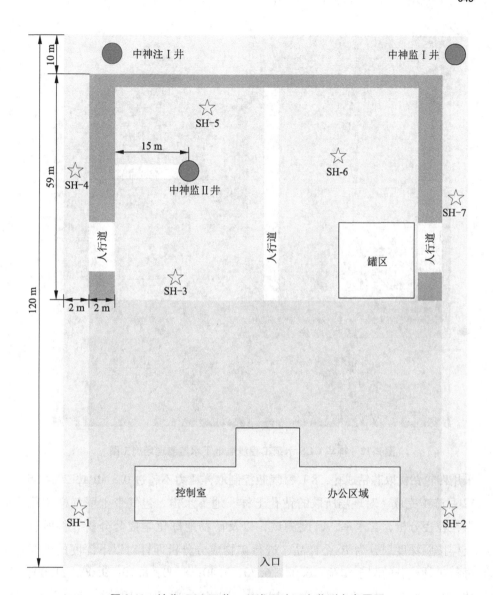

图 2-11　神华 CCS 示范工程浅层地下水监测点布置图

注：① SH-1 至 SH-7 代表浅层地下水固定式监测点；
　　② "中神注 I 井"如代表示范工程区注入井；
　　③ "中神监 I 井""中神监 II 井"代表示范工程区深层监测井。

　　地下水位约为 -16 m，浅部地层主要为粉砂土和砾砂土。地下水 U 形管分层取样装置安装深度设计为 -24~-20 m，2 层取水（取样深度分别为 -16 m 和 -20 m）和 2 层取气（包气带土壤气，取样深度为 -7 m 和 -15 m），

图 2-12　神华 CCS 示范工程浅层地下水监测现场施工图

采用四轮钻机取芯钻成孔，8 L 氮气瓶控制取样压力不超过 0.3 MPa，2014 年 12 月施工完成。对现场所取的钻孔土样、地下水样、包气带土壤气样进行颗粒粒径分析，含水率、密度测试，以及矿物地球化学成分分析。将所有土样按照深度划分为 16 个样品，进行矿物成分分析即针对以下深度的土样进行矿物成分的测定实验：6.00，6.70，7.40，8.00，8.70，9.00，11.00，18.00，18.30，18.50，19.00，19.30，19.45，19.70，19.80，20.00 m。土样颗粒分析试验表明：① 钻孔区-10 m 以上土层为粉砂土，主要颗粒粒径小于 0.1 mm；② -20～-16 m 之间的土层为砾砂，粒径主要分布范围为 0.1～2 mm。500 目过滤网对应粒径 0.020 mm，基本能过滤一半以上的泥沙颗粒，定制的过滤方案能满足现场需求。

　　土样矿物成分分析如表 2-3 所示，主要矿物包括石英、方解石、蒙脱石、钠长石和正长石。其中，长石含量较高，基本在 30% 以上；对 CO_2 敏感的方解石含量最高，达 17.38%。由表 2-3 可知，随着取样深度的增加，矿物组分的含量发生了微小变化，其中石英和钠长石的含量最高，石英和蒙脱石的含量随深度变化最为显著。

表 2-3　神华 CCS 示范工程土样矿物成分分析

样品编号	钻孔编号	取样深度/m	相对含量/%				
			石英	方解石	蒙脱石	钠长石	正长石
SH-3-6.00	SH-3	6.00	47.22	9.22	16.86	15.95	10.75
SH-3-6.70	SH-3	6.70	45.12	15.83	8.80	19.94	10.31
SH-3-7.40	SH-3	7.40	50.52		16.45	19.31	13.72
SH-3-8.00	SH-3	8.00	24.66	8.94	42.91	13.27	10.22
SH-3-8.70	SH-3	8.70	45.48	3.22	3.04	33.91	14.35
SH-3-9.00	SH-3	9.00	54.48	4.1	2.82	22.14	14.45
SH-3-11.00	SH-3	11.00	37.66	17.38	3.89	24.49	16.57
SH-6-18.00	SH-6	18.00	25.53	9.12	43.90	10.76	10.70
SH-6-18.30	SH-6	18.30	61.89		5.14	20.36	12.60
SH-6-18.50	SH-6	18.50	39.35	4.95	13.53	26.09	16.08
SH-6-19.00	SH-6	19.00	36.46	7.73	15.36	24.43	16.02
SH-6-19.30	SH-6	19.30	48.6	5.11	13.21	18.79	14.29
SH-6-19.45	SH-6	19.45	56.12	3.36	7.21	24.87	8.44
SH-6-19.70	SH-6	19.70	56.43	4.14	5.58	21.88	11.97
SH-6-19.80	SH-6	19.80	45.74	7.48	10.74	26.15	9.89
SH-6-20.00	SH-6	20.00	36.19	11.38	24.80	16.85	10.77

对现场采集的地下水样品进行现场原位快速测试，通过便携式多参数水质分析仪得到水温、含盐度、pH 值、电导率、溶解性总固体（TDS）等物性参数，并送至实验室通过质谱仪等得到精细成分指标，如 Cl^-、SO_4^{2-}、Na^+、Mg^{2+} 和 Ca^{2+} 等，测试结果如表 2-4 所示。由表 2-4 可知，地下水的 pH 值为 6.5～7.6，在不同取样时间及气候环境条件下，同一监测井同一深度的地下水的物理化学性质基本相同。其中，Ca^{2+} 是主要的阳离子，含量高达 388.874 mg/L；Cl^- 是主要的阴离子，含量高达 768.356 mg/L；水质离子成分对潜在 CO_2 泄漏较为敏感。

表 2-4 神华 CCS 示范工程地下水水质分析

监测层位	取样时间	pH	TDS/(mg·L⁻¹)	含盐度/%	电导率/(μS·cm⁻¹)	温度/℃	质量浓度/(mg·L⁻¹)				
							Cl^-	SO_4^{2-}	Na^+	Mg^{2+}	Ca^{2+}
SH-2-16-1	2015-5-30	7.192	—	—	1755	25.8	494.576	61.916	27.846	37.604	330.776
SH-2-16-2	2015-8-31	6.541	432	0.1	405	18.4	462.080	40.826	16.688	29.986	347.786
SH-2-16-3	2015-11-11	7.017	463	0.1	457	17.6	—	44.368	13.732	13.172	97.652
SH-2-20-1	2015-5-30	7.338	—	—	917	25.6	196.510	53.470	23.264	22.640	165.592
SH-2-20-2	2015-8-31	6.612	1683	0.8	1698	19.0	59.642	13.584	12.074	10.682	101.570
SH-2-20-3	2015-11-11	7.135	416	0.1	415	18.7	11.882	27.366	13.370	11.522	88.410
SH-3-16-1	2015-5-30	7.402	—	0.5	1301	25.3	315.640	65.986	28.524	468.300	235.888
SH-3-16-2	2015-8-31	6.705	1078		1076	15.7	286.792	74.728	19.456	36.788	251.806
SH-3-16-3	2015-11-11	6.982	2410	1.2	2410	17.4	768.356	109.114	25.180	79.322	388.874
SH-3-20-1	2015-5-30	7.596	—	—	471	25.5	72.296	45.054	20.946	18.054	96.470
SH-3-20-2	2015-8-31	6.811	2230	1.1	2240	16.6	69.992	20.536	14.176	13.918	106.858
SH-3-20-3	2015-11-11	6.820	1081	0.5	1081	19.1	238.310	44.332	16.722	31.362	168.894

注:① SH-2-16-1 表示位于神华场地(SH)2#井—16 m 层位的地下水样品,"1"代表第一次取样时间,为 2015 年 5 月 30 日;

② SH-3-20-3 表示位于神华场地(SH)3#井—20 m 层位的地下水样品,"3"代表第三次取样时间,为 2015 年 11 月 11 日;

③ SH-1,SH-2,SH-3 的具体位置及监测网点分布如图 2-11 所示;

④ "—"表明该行数据缺失,或没有检测;

⑤ 由于现场操作、运输过程、样品密封送检等过程中存在不确定因素,上述监测数据存在一定误差,但并不代表浅层地下流体 U 形管分层取样装置的取样精度。

12. 吉林油田 CO_2-EOR 示范工程应用

吉林油田大情字井油田 CO_2-EOR 试验区的黑 46 区块、黑 79 区块，位于吉林省松原市乾安县大情字井乡境内，北与乾安油田相连接，南邻长岭气田，地处松辽盆地南部中央坳陷区长岭凹陷中部，含油层位主要为白垩系下统姚家组、青山口组和泉头组。其中，区块注 CO_2 层位属于低孔、特低渗、低产、低丰度中深层碎屑岩储层，井深约为 3450 m。

试验区块浅层水文地质条件如下：地下水位埋深约为 3 m，第一层是第四系白土山组砂砾石承压含水层，顶板埋深为 18~20 m，含水层厚度为 3~8 m；第二层是上第三系泰康组中粗砾岩承压含水层，顶板埋深约为 30 m，含水层厚度为 5~10 m，补给来源主要是大气降水渗透和东部山地侧向渗流，水量中等较富，水位稳定，水质一般（略呈碱性），埋藏浅，易开采，境内地下水由东南流向西北。

基于场区地下水文地质条件和工程实际监测需求，我们进行了浅层地下流体 U 形管分层取样装置的定制设计。地下水位埋深约为 -3 m，并随地表降雨、蒸发及季节变化有所升降，第一层取样深度定为 -5 m。场区水文资料表明，浅层地下水分为 2 个含水层，埋深分布有所变化，为追踪地下 CO_2 迁移三维路径，立体式识别泄漏源，需要监测 2~3 个层位。因此，吉林油田浅层地下流体 U 形管分层取样装置设计 I 型和 II 型两种，具体配置为：I 型井 4 口，井深为 10 m，包含 2 层取水（-5 m、-10 m）和 1 层取气（-2 m）；II 型井 4 口，井深为 20 m，包含 3 层取水（-5 m、-10 m、-20 m）和 2 层取气（-2 m、-4 m），如图 2-13 所示。

由于吉林地区冬季数月浅地表温度持续低于 -4 ℃，所以 U 形管路因结冰堵塞而无法进行日常取样。考虑到连续取样监测的要求和提高取样设备耐久性的需求，对装置加设防寒措施：井筒侧壁包裹多层防寒止水帷幕。冬季取样时，宜选在正午温度较高时，氮气瓶迅速加压至 0.3 MPa，取样完毕后排空地下 U 形管内的地下水，避免下一次取样时管路结冰堵塞。

为实现 CO_2 驱油封存区域浅层地下水和包气带土壤气的整体监测，在收集场地区域构造、水文地质条件、区域井群分布、地表土地利用情况等资料的基础上进行了区域监测网点布置设计。吉林油田 8 套地下流体 U 形管分层取样装置均工作正常，地下水样水质分析如表 2-5 所示，有较明显的分层效果，通常 -5 m 深地下水的含盐度、电导率大于 -10 m、-20 m 地下水样品的，这是因为地表雨水入渗补给了上层地下水。土壤气成分分析如表 2-6 所示，与空气组分显著不同，甲烷和一氧化碳偏高是 CO_2 驱油封存区域地下天然气泄漏至浅地表所致。土壤气中二氧化碳组分含量说明该封存区域监测范围内没有发生 CO_2 泄漏。

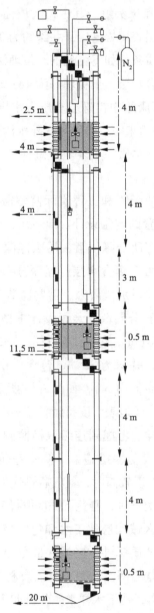

图 2-13 吉林油田 CO_2-EOR 示范场地地下水分层监测井设计方案

表 2-5　吉林油田 CO_2-EOR 示范场地地下水分层采样水质分析

编号	取样时间	pH	TDS/ ($mg \cdot L^{-1}$)	含盐度/ %	电导率/ ($\mu s \cdot cm^{-1}$)	电阻率/ ($k\Omega \cdot cm$)	温度/ ℃
JL-1-W1	2015-10-23	7.747	855	0.4	849	1.178	16.9
JL-1-W2	2015-10-23	8.218	443	0.1	477	2.110	16.5
JL-2-W2	2015-10-23	8.496	1475	0.7	1472	0.680	16.8
JL-2-W3	2015-10-23	8.020	685	0.3	669	1.516	16.8
JL-3-W2	2015-10-23	7.930	852	0.4	855	1.256	16.7
JL-3-W3	2015-10-23	7.320	1215	0.5	1214	0.824	16.3
JL-4-W1	2015-10-23	7.872	550	0.2	707	1.516	16.5
JL-4-W2	2015-10-23	7.615	1243	0.6	1243	0.804	17.7
JL-4-W3	2015-10-23	7.667	747	0.3	750	1.334	16.6
JL-5-W2	2015-10-23	7.853	1160	0.5	1139	0.887	17.1
JL-6-W2	2015-10-23	7.788	1372	0.6	1318	0.801	17.0
JL-7-W1	2015-10-23	7.759	1588	0.8	1588	0.630	17.0
JL-7-W2	2015-10-23	7.663	1337	0.6	1325	0.755	17.0
JL-8-W2	2015-10-23	7.931	443	0.1	477	2.110	16.5
JL-8-W3	2015-10-23	7.828	2.11	1.0	2.11	0.474	16.3

注：① JL-1-W1 表示位于吉林场地（JL）1#井，地下第一层深-5 m 的地下水样品，
"W2"表示地下第二层深-10 m，"W3"表示地下第三层深-20 m；
② 监测点网分布因涉密未能公布；
③ 由于现场操作、运输过程、样品密封送检等过程，上述监测数据存在一定误差。

表 2-6　吉林油田 CO_2-EOR 示范场地土壤气体分层采样分析

气体编号	一氧化碳 含量/%	甲烷含量/%	氮气含量/%	硫化氢浓度/ ($mg \cdot L^{-1}$)	二氧化碳 含量/%
JL-1-G1	0.001	0.001	3.129	0	0
JL-1-G2	0.001	0.017	3.527	0	0
JL-3-G1	0.005	0.003	3.502	0	0
JL-3-G2	0.001	0.023	3.149	0	0
JL-4-G1	0	0	0.118	0	0
JL-4-G2	0.001	0.002	2.983	0	0
JL-5-G1	0.001	0.033	2.581	0	0
JL-5-G1	0	0.002	4.119	0	0

续表

气体编号	一氧化碳含量/%	甲烷含量/%	氮气含量/%	硫化氢浓度/（mg·L⁻¹）	二氧化碳含量/%
JL-6-G1	0.243	0.003	4.016	0	0
JL-6-G2	1.506	0.049	3.863	0	0
JL-7-G1	0.005	0.001	4.028	0	0
JL-7-G2	0.003	0.032	4.239	0	0

注：① JL-6-G2 表示位于吉林场地（JL）6#井地下第二层深-4 m 的包气带土壤气样品，"G1"表示地下第一层深-2 m；

② 表中数据"0"表明该项气体含量超过最低检测范围，并不一定代表绝对值为零。

13. LBNL/CMC/ University of Calgary

2016 年，美国劳伦斯伯克利国家实验室研究人员在 CMC's Field Research Station 试验场地示范地下水分层监测装置，在美国能源部碳封存项目资助下，其采用分布式光纤微震传感器和热传感器、地球物理探测电磁场成像、井下地下水地球化学采样等新技术与新方法探测感知浅层 CO_2 泄漏及深部 CO_2 羽迁移扩散最有效的技术方案。

示范场地由一口 300 m 深的 CO_2 注入井、两口复杂的长期监测井及四口浅层地下水监测井构成。其中，地下水 U 形管分层采样监测装置部署在深井及浅层地下水监测井套管外，这样不会被其他井下设备套管阻隔，从而快速感知地层流体。

14. 湖北孝感大别山地表水-地下水转换试验场

孝感肖港场地位于湖北省孝感市肖港镇，地处大别山与江汉平原的交汇地带。构造发育云应短线盆地，基底为白垩系地层，地形地势整体西北高东南低；地层主要出露白垩系公安寨组（$K_2E_1g_2$），青白口系武当群（Qbw），侵入岩辉长岩、辉绿岩，以及第四系上更新统（QP_3）。试验场地处于澴河附近，地下水位埋深为 0.15~4.16 m，含水层为第四系松散孔隙水及白垩系紫红色砂岩的基岩风化裂隙水。地下水流向指向北北东（NNE）的地下水漏斗，地下水水流坡度小于 0.3°。pH 值为 6.75~7.88，以弱碱性为主；电导率为 353.4~1661.8 μs/cm，溶解氧（DO）一般为 3.22~8.76 mg/L。

在孝感大别山地表水-地下水转换试验场示范应用了地下水 U 形管分层监测技术。针对垂向分层监测土壤气、包气带（非饱和带上层滞水）、多个地下水含水层（QP_3，$K_2E_1g_2$）以及同一含水层的不同深度等研究大别山-

江汉平原转换带地表水-包气带水-地下水循环转换规律，探究地球化学垂向分带特性。根据地质条件，地下水分层监测井设置 4 层取气和 5 层取水，共计 9 层。各层位对应的具体监测对象及监测目的如图 2-14 所示。

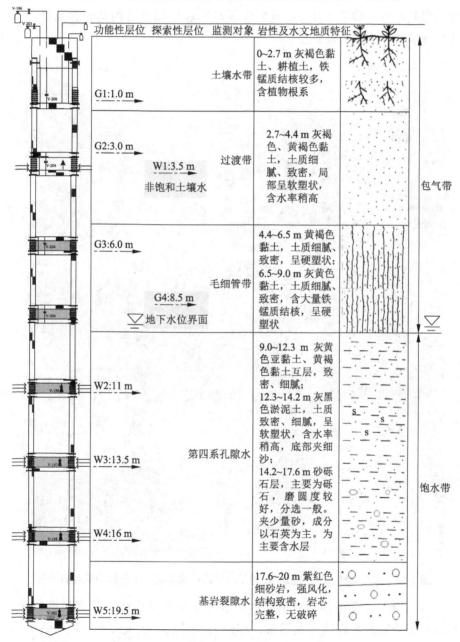

图 2-14 湖北孝感大别山地表水-地下水转换试验场地下水分层采样监测

各层具体深度设计为：1 m（G1）、3.5 m（G2、W1）、6.5 m（G3）、8.5 m（G4）、11 m（W2）、13.5 m（W3）、16 m（W4）、19.5 m（W5）。其中，W1 监测非饱和带上层滞水，W2 监测地下水位界面表层，W2 至 W4 分三层监测 QP_3 砂砾石层水，W5 监测 $K_2E_1g_2$ 中粗砂岩的基岩裂隙水。该项目分层采样监测示范如图 2-15 所示。

图 2-15　湖北孝感大别山地表水–地下水转换试验场地下水分层采样监测示范

包气带是大气水和地表水同地下水发生联系并进行水分交换的地带，是试验场研究三水转换的关键带，亦是岩土颗粒、包气带水、包气带土壤气三种相态同时存在、相互耦合作用的复杂系统。包气带指潜水面（地下水位）以上的岩土孔隙未被水饱和的地带，按水分分布特征可划分为土壤水带、过渡带、毛细管带。① 土壤水带（G1），位于近地表，受降雨入渗、土壤蒸发、植物根系散发蒸腾作用影响强烈，水分垂向分布随时间、降雨和植被覆盖不同变化较大，示范井通过设置在-1 m 深位置的第一层土壤气（G1）监测。② 过渡带（G2），位于土壤水带和毛细管带之间，通常水量较小、变化缓慢、沿垂向深度和空间广度分布均匀，受外界环境变化干扰较小、性质相对较稳定。示范井通过设置在-3 m 深位置的第二层土壤气（G2）和-3.5 m 深位置的第一层包气带水监测。重点支撑包气带防污性能研究。③ 毛细管带（G3），位于潜水面之上，由毛细管上升水形成，其水分分布特征为沿地下水位线由下至上土壤含水量逐渐减小，渐趋稳定，受地下水位变幅和土壤孔隙结构影响较大。示范井通过设置在-6.5 m 深位置的第三层土壤气（G3）监测。④ 地下水界面监测（G4），据试验场周围钻孔揭露及区域 1∶50000 水文地质调查资料显示，该区域地下水位变幅范围为 9.08~11.25 m，微承压，示范井拟通过设置在-8.5 m 深位置的第四层土壤气（G4）监测地下水位界面处复杂情况，具体监测效果参照实际情况。

示范井对地下水监测分两个层次：① 多个含水层监测，具体为 QP_3 第四系松散孔隙水（W2、W3、W4）和 $K_2E_1g_2$ 紫红色中粗砂岩的基岩裂隙水（W5），重点关注水岩相互作用对水化学性质的影响、多个含水层之间的水力联系以及地下水循环路径等问题；② 同一含水层不同深度监测，具体通过示范井设置在深度-11 m（W2）、-13.5 m（W3）、16 m（W4）的三层取样层位揭示 QP_3 第四系松散孔隙水的水质变化情况，重点研究同一含水层的垂向地球化学分带特性机理，尝试通过原位监测验证地下水流系统的分层特性，评估或预测表层地下水受人为活动影响的污染情况。

在孝感肖港场地示范了一孔九层土壤水、土壤气、地下水一体化分层快速采样。其中，井深 19.5 m（采样深度验证指标）。前四层为土壤气、土壤水采样，后五层位于地下水位以下，为地下水分层采样（地下水分层采样层数验证指标）。一孔五层地下水进行分层快速采样，地下水采样容积在 1 L 以上。场地调查的地下水分层快速采样深度依次为 6，8，10，12，16，20 m，单层采样容积为 1 L。

15. 江西赣州禾丰盆地水循环野外观测

场地位于江西省赣州市于都县禾丰镇，盆地四周高山环围，为典型山间盆地，地势东高西低，属丘陵地貌。禾丰盆地水循环监测网络包括5处大气降水监测点、1处地表河流监测站点、6眼地下水探采结合井（深层）、6眼地下水动态监测井（浅层）、5处地下水水质多参数自动化监测站（水位、水温、pH、DO）、1眼地下水环境U形管分层监测井（一孔三层地下水分层采样监测）。此外，还通过水位统测揭示流域地下水流场及地下水动态变化，通过物探解译联合钻孔信息精细表征地层特征剖面Ⅰ、Ⅱ。

场地基本水文地质条件如下：地下水位为2.03 m，地层岩性第四系砂砾石层埋深为4.0~5.1 m，灰岩强风化带分布于5.1~6.6 m，以下至孔底均为石炭系黄龙组灰岩，岩溶较发育，富水性较好。在盆地下游位置部署地下水环境分层监测井。根据地层条件设计一孔三层监测，分别控制4 m埋深的第四系含水层、8 m埋深的第四系与基岩风化壳界面、16 m埋深的第三层石炭系灰岩基岩裂隙水，终孔孔深为17.7 m，各层位地下水采样容积在1 L以上。

16. 武汉谌家矶重金属污染场地地下水在线分层监测

场地位于湖北省武汉市江岸区谌家矶大道，地处长江与朱家河交汇处的冲积平原。东北与黄陂滠口、武湖农场交界，南临长江与天兴洲隔江相望。在武汉谌家矶场地分别示范一孔三层地下水环境自动化井、一孔六层地下水分层快速采样。水文地质条件较有代表性：0~3 m为杂填土，3~5 m为素填土，5~8 m为淤泥，8~14 m为粉质黏土、深灰色粉砂；14~26.6 m为深灰色灰质白云岩，强风化；26.6 m至未揭穿，为灰色灰质白云岩。地下水位埋深约为8 m。地下水含水层分为两层：全新统孔隙潜水、石炭系碳酸盐岩类裂隙岩溶水，地下水流向呈南西向汇入朱家河和长江。

一孔三层地下水环境自动化井深30 m。一孔三层分别控制10 m埋深的第四系含水层地下水位界面附近、26 m埋深的第四系与基岩风化壳界面附近、30 m埋深的第三层石炭系灰岩基岩裂隙水，地下水采样容积在1 L以上。水质多参数指标：地下水位、pH、电导率、温度。分两个不同层位深度长时序连续监测，运转正常。

17. 湖北安陆生活垃圾填埋场地下水污染探测

填埋场位于湖北省孝感市安陆市，西邻府河，东近碟子河。安陆生活垃圾填埋场地于2010年建成投入使用，占地面积为14.67万 m²。渗滤液对地下水污染的影响长期存在，含有难以生物降解的萘、氯代芳香族化合物、磷酸酯、邻苯二甲酸酯、酚类和苯胺类化合物等，属有机物污染场地。地下水水质混浊，有臭味，COD（化学需氧量）、三氮含量高，油、酚污染严重，大肠菌群超标等。场地调查揭示填埋场防渗屏障失效致地下水高污染风险区为"南西西 250°、东南南 120° 及所夹西南区域"。污染场地地下水 U 形管分层快速采样设备拟设置在地下水污染风险高的下游，距污染场地污染源 50 m 左右。

地下水分层快速采样技术设计方案。污染场地典型钻孔岩心结构为：0~6 m 为第四系黏土，6~6.5 m 为全风化玄武岩，6.5~38 m 为中风化–弱风化玄武岩，38 m 后见白垩系紫红色粉砂岩，未揭穿。地下水埋深约为 5.5 m，主要为基岩风化裂隙水，受上覆黏土层影响微承压。从空间位置来看，场地地下水下游污染风险大，选取距污染源下游（西南向 240° 左右）50 m 位置（参照规范）安装地下水分层监测井。从垂向深度来看，在地表入渗影响下浅层地下水污染风险大，宜加密间距进行分层采样。因地下水埋深约为 5.5 m，故由地表往下，第一层地下水取样设置在 6 m 埋深处，控制第四系土壤与基岩全风化界面；第二至第四层地下水依次间距 2 m，埋深分别为 8 m、10 m 和 12 m；第五、第六层地下水间距加大至 4 m，埋深为 16 m 和 20 m。

场地调查的地下水分层快速采样深度依次为 6，8，10，12，16，20 m，单层采样容积为 1 L，六层同时驱替采样时间为 2 min。各层位由浅至深地下水样品采样容积均达到或超过 1 L，最深层位容积达 1.5 L，地下水分层采样监测设备各项性能指标现场运转良好。

综合上述 17 个项目，地下水 U 形管分层采样监测技术全球工程应用概况如表 2-7 所示。

表 2-7 地下水 U 形管分层采样监测技术全球工程应用概况

编号	项目名称	时间	项目类型	场地位置	应用深度/m	工程目的
1	Frio	2006 年	咸水层二氧化碳地质封存	美国得克萨斯州	1513.9	理解含二氧化碳地下水的水文地质和地球化学影响，对比评估多种监测二氧化碳羽形态及分布状态的工具或手段
2	Otway	2007 年	枯竭天然气田二氧化碳地质封存	澳大利亚墨尔本市	2046.9	项目注入 10 万 t CO_2 至枯竭气田，通过监测注气井简围来评估注入气体诱发的地球物理和地球化学变化
3	Nunuvut	2008 年	硫封存	加拿大	350	加深已存在的井孔，用来表征亚冻土层微生物群落
4	Yucca Moun-tain	2008 年	核废料地质封存	尤卡山阿马戈萨山谷,加拿大	400	加深理解尤卡山地质条件下存在于岩体中的 THMC 耦合过程；永久封存高放射性核废料的场地调查与表征；
5	Greenland Analogue	2009 年	核废料封存	丹麦	141	了解靠近冰川边缘的永冻层环境；收集地质和断层研究的岩芯资料；地下流体采样和水力测试
6	Cranfield	2009 年	二氧化碳地质封存	美国密西比州西南部, 纳兹以东	3200	联合二氧化碳地质封存和热开采
7	Ketzin	2010 年	二氧化碳地质封存	德国	415.4	在盖层上方监测 CO_2（含 N_2、O_2）泄漏及其对地下水水文和地球化学的影响
8	通辽场地试验	2009 年	非纯 CO_2 地质封存场地试验	中国内蒙古自治区通辽市	280	注入 20 万 t 非纯 CO_2（含 N_2、O_2）至咸水层，监测其运移机制和地球化学反应
9	临额场地试验	2013 年	U 形管采样技术测试场地试验	中国河南省临颖县	500	深井 U 形管井下采样测试，单层 U 形管井下采样测试 270 m、370 m、500 m 分三个递进阶段进行单次循环采样试验

续表

编号	项目名称	时间	项目类型	场地位置	应用深度/m	工程目的
10	胜利油田浅井监测	2014 年	二氧化碳驱替增采原油 CO_2-EOR	中国山东省淄博市	10	监测二氧化碳是否泄漏至浅地表；评估 CO_2 泄漏对浅层地下水环境的影响
11	神华浅井监测	2015 年	二氧化碳地质封存	中国内蒙古鄂尔多斯市	20	监测封存的二氧化碳是否泄漏至浅地表，以及二氧化碳泄漏量对浅层地下水的影响；评估泄漏对浅层地下水的影响
12	吉林油田浅井监测	2015 年	二氧化碳驱替增采原油 CO_2-EOR	中国吉林省松原市	20	监测封存的二氧化碳是否泄漏；评估 CO_2 泄漏量及其在浅层地下水的运移机制；评估泄漏对浅层地下水的影响
13	LBNL/CMC/ University of Calgary	2016 年	场地对比实验	加拿大，CML 野外研究站	4 口小于 300 m	对比监测 CO_2 泄漏的各种方法，包含分布式地震温度监测，电磁成像工具，井底化学采样
14	湖北孝感大别山地表水-地下水转换试验场	2017 年	水循环与水文地质	中国湖北省孝感市	一孔九层，井深 19.5 m	地表水-地下水循环转换
15	江西赣州禾丰盆地水循环野外观测场	2020 年	水循环与水文地质	中国江西省赣州市	一孔三层，井深 16 m	地表水-地下水循环转换
16	武汉谌家矶重金属污染场地地下水在线分层监测	2020 年	场地土壤与地下水污染	中国湖北省武汉市	一孔六层，井深 32 m	地下水污染调查，地下水多参数分层自动化监测
17	湖北安陆生活垃圾填埋场地地下水污染探测	2021 年	场地土壤与地下水污染	中国湖北省安陆市	一孔六层，井深 20 m	地下水污染调查评估与溯源解析

注：项目 13 具体信息来自 http://www.cmcghg.com/lawrence-berkeley-labs-to-test-monitoring-equipment-at-research-station/。

如前所述，2004 年地下水 U 形管分层采样监测技术研发以来，在全球开展了近 20 处工程应用，主要分布于美国、加拿大、澳大利亚、德国和中国，其技术成熟度发展与应用领域由深至浅拓展主要分为 3 个阶段：① 2004—2010 年，由美国劳伦斯伯克利国家实验室首次研发成功 1000 ~ 3200 m 级的深井地下水 U 形管采样监测技术，并应用于地下的深部能源与废弃物储存、核废料地质封存领域。② 2009—2016 年，中国科学院武汉岩土力学研究所研发 30 m 级浅井地下水 U 形管监测技术，主要用于二氧化碳驱替增采石油、二氧化碳地质利用与封存领域的 CO_2 泄漏风险监测与浅层地下环境监测。③ 2017—2022 年，中国地质调查局武汉地质调查中心进一步提升改进，研发了污染场地地下水分层快速采样技术、地下水分层探测技术，并拓展应用至水循环与水文地质、场地土壤与地下水污染领域。

如表 2-7 所示，前 7 项工程由美国劳伦斯伯克利国家实验室主持或参与，2006 年，U 形管分层采样技术首次应用于美国得克萨斯州的 Frio 示范工程，采用单层采样，深达 1513.9 m。在分层采样方面，该技术应用于澳大利亚的 CO_2 CRC Otway 工程，深达 2000 余米，加入封隔器实现三层分层采样。在应用深度方面，该技术应用于美国密西西比州的 Cranfield 工程，深达 3200 m。在极端环境方面，该技术应用于加拿大和格林兰岛的永久冻土区、核废物处置高地热区、高含矿物（如超过 50% 的硫铁矿物）及微生物区域。在适用领域与研究目的方面，除在二氧化碳地质封存领域用于监测储层 CO_2 羽的分布与运移机制外，该技术还应用于核废料地质封存领域，以及硫封存等领域，用于研究储层条件下的 THMC 温度-渗流-应力-化学耦合机制、冻土区域的微生物群落。

中国地质调查局于 2013 年在河南省临颍县开展了深达 500 m 的 U 形管采样场地测试，不设封隔器，通过单层 U 形管井下分三次递进循环采样，单次采样容积达 23.3 L，但未见技术后续发展与实际工程应用。中国科学院武汉岩土力学研究所于 2009 年在内蒙古通辽市开展了约 300 m 深的场地 CO_2 注入与 U 形管采样测试，用于研究非纯 CO_2 地质封存的地球化学反应及其运移机制，取得了较好的应用效果。在此基础上研发了适用于浅部地层全塑料材质的地下水 U 形管分层采样系统，并通过项目验证了其技术的可行性。

2.3.3　地下水 U 形管分层采样技术的特征与工作原理

该采样装置基于 U 形管原理和气驱式地下水采样技术，工作原理及采样过程如图 2-16 所示，概念图如图 2-17 所示。该技术可分三个阶段完成采样。

第一阶段：含水层地下水在压差作用下穿过井筒侧壁的导水小孔渗入井筒采样段，并逐渐达到渗流平衡。

第二阶段：井筒采样段内的地下水经滤芯过滤后通过单向阀流入 U 形管，地下水储存在 U 形管的储流容器内。而 U 形管上端的两个软管连至地表，分别为驱动端和采样端。

第三阶段：采用氮气洗井清洁后，对 U 形管的一端（驱动端）用便携式氮气瓶加压，U 形管内储流容器的地下水因单向阀流向限制只能从 U 形管的另一端（采样端）排至地面的液体采样容器，从而得到指定地层的地下水样。

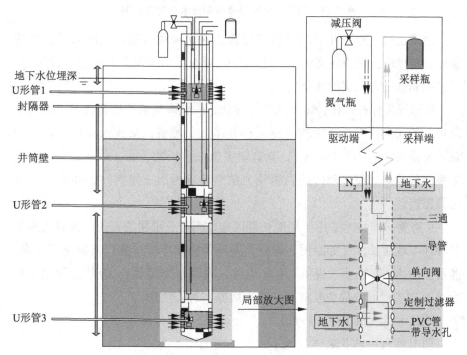

图 2-16　地下水 U 形管分层采样监测技术工作原理图

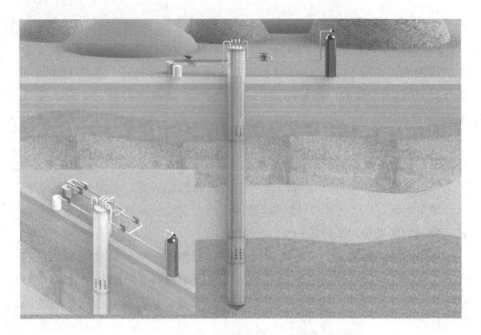

图 2-17　地下水分层采样监测技术系统概念图

地下土壤气通过井下的导管与地面连通，采用活塞式气体采样容器洗井后直接抽取。值得注意的是，土壤气仅对地下水位以上的地层进行采样，不包括非饱和含水层的残余气。

U 形管采样技术作为地下水气一体化、一孔多层采样的新技术，不同于市场上的同类技术（下井式定深采样技术如贝勒管，泵式采样技术如蠕动泵、电动采样泵、气囊泵等），其有望实现三维长期监测、井下地面快速检测集成与数据远程自动传输，能较为精确地刻画出三维空间的物质运移与污染源追踪。

U 形管采样技术适用于场地长期固定监测与三维精细表征，普遍适用于各种井下地质条件（如淤泥、碎石）及地表极端环境（如严格防磁、防爆，能耐严寒冰冻，不要求提供 220 V 电源，看管维护简单）。该装置所用材料为普通 PVC、尼龙等塑胶材料，成本低廉，耐久性好。

该技术具有以下优势特征：

（1）水气一体化采样（地下水、土壤气）。

（2）一孔多层采样，能连续刻画三维空间物质运移监测与污染源追踪。

（3）样品精度高、代表性强，主要体现在以下方面：

① U 形管原理采样过程具有保压的显著优点；

② 单向阀隔断采样深度的地层流体与大气的联系；

③ 采用气驱式作为动力源进行原位小速率被动式采样，保证采样过程、采样速率对地层扰动几乎可以忽略；

④ 层间密封防止不同深度地下水相互混合，保证所采样品具有较高的空间代表性精度；

⑤ 所采样品具有较高的时间代表性精度。

（4）技术集成潜力大，场地适应性强，原理上适用于任何深度。

（5）适合长期固定监测，全流程监测成本低。

（6）广泛应用于不同领域、不同工程目的浅层地下水和土壤气的环境监测。

2.3.4　地下水 U 形管分层采样技术的研发难点与应对措施

地下水 U 形管分层采样技术在工程应用中遇到了诸多技术问题，尤其是堵塞失效故障。Frio 工程因温度降低形成水合物而结冰，导致管路堵塞；Otway 工程因地下流体冷却分离的蜡质烷烃堵塞采样管路，导致管路疏通；Nuvunut 工程因温度降低而严重矿化和结冰，导致 U 形管采样系统永久性失效；Cranfield 工程因堵塞出现为期一周的采样系统瘫痪；临颍场地测试采样管路被泥沙颗粒堵塞；胜利油田浅井监测更是因泥沙颗粒堵塞单向阀与管路，导致多个监测井无法正常采样。

除了管路因泥沙颗粒、水合物、结冰、冷凝结垢等发生堵塞外，其技术问题还包括：① 采样代表性失真。例如，封隔器缺失或失效导致不同深度地层流体的混合稀释，造成采样纵向空间代表性失真；地层中部分污染物成分不溶于水或采样材质和采样方法受限造成采样横向空间代表性失真；钻井液污染、监测井内残余液的影响造成采样时间代表性失真。所取地下水样品的精度和完整性是各采样技术需要持续改进的重点，尽管无法完全克服或排除，但地下水 U 形管采样技术为今后的发展完善指明了方向。② 采样时含气量超限。例如，Frio 工程在采样过程中出现了含气量和水蒸气含量远远超过设计值的情况，这不仅会损害真空泵、电机等元件，而且会导致现场采样系统不得不进行设计变更。幸而，该技术问题仅出现在深部地层，且可以通过完备的技术设计和多相流相态变换来避免。

地下水 U 形管采样装置存在的技术难点为管路堵塞（稳定性）、系统脆弱失效（耐久性）、采样代表性（精度）失真。上述几点均为制约地下水 U 形管采样技术规模化应用和领域推广的技术瓶颈。

1. 管路堵塞

井筒进样段进水小孔、单向阀、三通、U 形管管线等处因泥沙颗粒聚集、结冰、烃类析出固化成蜡、水合物的形成、微生物聚集等淤堵，导致地面无法得到样品，U 形管采样装置失效。其中，泥沙颗粒聚集引起的堵塞是困扰所有地下水长时间连续采样的技术问题，亦是应用在浅部地层时需要重点克服的关键技术问题。淤堵常由如下因素引起：

（1）井筒采样段内的空气无法正常排出，导致井筒采样段形成一定内压，地下水因内外压力平衡而过早地停止渗入，使得地面无法取到足量的水。

该问题可通过监测系统的结构性设计来克服。将井筒分为采样段（长度按额定采样容积估算）和连接段（任意长度，起链接作用），采样段上下设不透水堵头，井筒侧壁沿线均布小孔（直径 2 mm），不留空隙以排除内部空气无法排出而造成的负压影响。

（2）冬季浅地层的水结冰，使得导水管因结冰封堵而间歇性失去取水能力，甚至使得导管破裂或单向阀失效，导致监测系统永久性失效。例如，中国北方地区冬季浅部地层出现较严重的结冰，导致 U 形管管线堵塞。

在考虑经济可行性的情况下，一方面，对井筒侧壁（除了采样段进水小孔所在区域）包裹多层防寒止水帷幕；另一方面，在设计方案时应选择能耐低温的元件（软管、接头、单向阀等），以避免冰冻膨胀失效。

地下水含泥沙颗粒堵塞井筒侧壁的小孔、过滤器或单向阀，导致有效过水断面面积减小，进水速率逐渐变缓直至完全堵死；泥沙颗粒引起的堵塞的控制因素为小孔孔径、数量与滤网目数。

为提高 U 形管采样装置的实用性与稳定性，需要解决管路堵塞的技术瓶颈，在考虑上述应对措施的情形下，我们有针对性地研制了过滤器。该定制过滤器采用三层过滤结构，过滤网目数规格参照土体颗粒粒径、多孔介质地层中细颗粒渗流迁移规律制定。

2. 系统脆弱失效

在 CCUS 领域，若针对注入过程的施工动态监测，设计工作年限一般为 3~10 年；若针对施工完井后的环境监测，监测系统的有效工作年限应尽可能长，甚至超过 50 年。因此，地下水 U 形管分层采样装置应尽可能克服 U 形管管线系统脆弱性、长期埋置于地下易整体失效的缺点。耐久性设计考虑如下：

（1）材质上，选择耐化学腐蚀、耐久性更好的 PVC 材质，如 PVC-U 排水管、塑料单向阀、二通和三通接头、PVC 材质不透水堵头、尼龙材质滤网。PVC 材质不仅耐久性好，而且整体成本更具竞争力，但伴随的问题是塑料材质的核心部件（如单向阀、过滤器）的可靠性难以保证，从而在提升耐久性时加大了系统整体设计的技术难度。

（2）系统设计时尽量减少 U 形管管路系统的接头数量，在一定程度上克服 U 形管管路系统的脆弱性，通过改进 PVC 堵头的结构和密封防水方式提升耐久性。

（3）对必要的元件（二通转接、三通及单向阀）应严格选型，以保证足够的使用年限，尤其是单向阀。

（4）对核心元件单向阀应给予尽可能严格的过滤防护，并设置高规格的滤芯，以防止泥沙颗粒破坏其内部结构。

3. 采样代表性失真

采样精度是不同原理采样技术对比时重点关注的问题，U 形管采样技术因其被动式采样、单向阀隔断地下水与大气、保压式高保真采样的特点而比泵式采样技术有相对更好的精度和代表性，但仍存在钻井液、残余液、层间串水、地面采样污染等问题。这些问题通过结构设计、钻井工艺等措施可以有所减轻或部分克服：

（1）钻井时采用清水置换施工工艺，减少钻井液涌入井筒时携带的泥沙量。

（2）针对层间串水问题，井筒设计分为采样段（0.5 m）和连接段（任意长度），保证采样段周围的井壁回填高渗透率的黄沙或石英砂，在连接段合适位置设置封隔器（原状渗透性低的黏土或膨润土、气动式封隔器），以隔断各个层位的水力联系。

（3）针对采样流动性问题，为消除井筒采样段残留液的影响，以保证采样能代表指定地层中流动的地下水，可通过结构设计控制井筒采样段的容积，保证 U 形管的两次采样量等于井筒采样段渗流稳定的有效容积。

2.4 本章小结

本章阐述了地下水采样技术的分类，给出了地下水分层采样监测技术的定义、研究方向、应用价值以及全球具有代表性的六种地下水分层采样监测技术方案，重点对地下水 U 形管分层采样技术的发展历程、工作原理及全球 17 处场地应用进行了综述，并指出了地下水 U 形管分层采样监测技术存在的技术瓶颈和核心优势。

第3章

弱扰动原位地下水分层快速采样新技术与新设备

第2章介绍了U形管采样技术的基本原理和发展历程，通过综述全球17处工程应用和出现的技术问题，重点突出了U形管采样技术亟待突破的技术瓶颈。在此背景下，本章开展了对地下水U形管分层采样装置的系列研发。

3.1 技术路线与关键技术问题

本章通过文献调研、实地验证、机械设计、室内模型试验表征、模块化功能测试等方法，基于气体推动采样工作原理，研发适用于不同污染场地的地下水U形管分层快速采样设备，实现地下水分层采样效率高、样品代表性强、技术集成潜力好的功能和目标。本节以地下水分层快速采样设备研制为研究主线，针对拟解决的关键技术问题，将任务分解为三个部分，技术路线如图3-1所示。

1. 地下水分层采样效率低、耗时长

采样效率低、耗费时间长是现有地下水分层采样技术存在的共性问题。地下水采样操作包括洗井、容器清洗、地下水采样、采样记录、样品运输、样品交接送检等程序。其中，洗井和地下水采样操作耗时较长，尤其地下水分层采样往往因逐层洗井而耗费数小时，成为影响污染场地原位调查工作效率的主要制约因素之一。究其技术原因在于，传统地下水采样的工作原理均基于泵式采样，即用电动泵对采样管逐层逐个抽吸采样，从而导致洗井及采样操作时间过长。为解决该技术问题，拟基于气驱式新型地下水采样工作原理，有效缩短单次采样时间；另外，通过地表多层同时驱替洗井与采样可进一步缩短采样时间，进而实现额定采样量1 L条件下多层采样时间不超过 60 min。

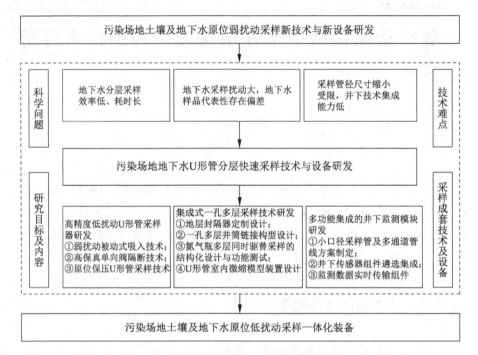

图 3-1　新技术与新设备研发技术路线图

2. 地下水采样扰动大，地下水样品代表性存在偏差

残余液混入、地层扰动、采样过程温度压力条件改变等因素在很大程度上降低了地下水样品的代表性及数据的分析价值。为解决该技术问题，拟研发高精度低扰动 U 形管采样器，通过弱扰动被动式吸入技术降低采样速率对地层的干扰，通过高保真单向阀隔断技术切断水力联系，通过原位保压 U 形管采样技术减少污染物的挥发逸散。

3. 采样管径尺寸缩小受限，井下技术集成能力低

现有地下水采样技术主要基于泵式采样，需配备电动泵作为动力，如蠕动泵、气囊泵、潜水泵等。因此，采样管内径受限于电动泵的外径，尺寸无法进一步缩小，从而导致地下水分层采样设备的采样层数受限、钻孔孔径较大等问题。

基于气驱式采样原理，替换旧有泵式采样，开展新型地下水分层采样设备研发。将单个采样井管管径缩小至 4~6 mm，分层采样层数扩展至9层，从而为配套研发多功能集成的井下监测模块提供物理空间和技术基

础。主要研究内容及任务分解包括高精度低扰动 U 形管采样技术研发、集成式一孔多层采样技术研发、多功能集成的井下监测模块研发。

3.2　高精度低扰动 U 形管采样技术研发

基于气体推动采样工作原理，开展 U 形管采样器研发。研发内容包括：① 弱扰动被动式吸入技术。进行单次额定采样量 1 L 的储流容器结构设计，使地层赋存的地下水因压力差被动吸入，通过降低采样速率减小对地层的干扰。② 高保真单向阀隔断技术。切断水力联系，减小井下残余液的混合干扰。③ 原位保压 U 形管采样技术。进行井下采样管线及连接接头方案设计，使采样过程中地下水样品压力保持不变，从而减少污染物的挥发逸散，有效提高地下水样品的代表性。

主要系统元件包括：定制井下储流容器、定制单向阀及过滤渗析组件、定制井下 PVC 滤水管、定制多管线连接接头、定制井头固定装置、定制井头控制面板，以及配套的氮气瓶、减压阀、采样导管、三通接头、二通接头、阀门、管堵等。

3.2.1　井下储流容器

在整个设计过程中需要考虑储流容器的材质、耐压性、转换接头、密封性、稳定性及长度和直径，其中长度和直径决定了整个储流容器的体积。井下储流容器的功能实现地下水分层单层采样定额容积 1 L 的技术指标。该部件设置在井下，搭载 U 形管采样器。技术上需考虑与 U 形管采样器接头连接的形式、定额容积不小于 1 L、微承压在 0.3 MPa 左右、泄漏率良好、材质不影响地下水样品检测分析、容器直径不宜过大而占用井下空间等要求。井下储流容器采用亚克力透明细管作为主体，上、下端接头螺纹链接采用特氟龙材质定制加工，并预留 6 mm 软管气动快插接头，设计如图 3-2 所示。

在不改变储流容器直径的情况下，储流容器长度优选设计为 1 m，设定额定采样容积为 1 L，储流容器直径优选设计为 40 mm，各接头、材质及加工要求等如图 3-2 所示。在承压 1.0 MPa 的情况下，整体密封性能良好，取水量测试达到 1 L。各项技术指标均满足预定要求。

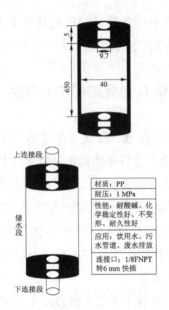

图 3-2　井下储流容器自主设计

3.2.2　过滤渗析组件

　　高精度低扰动 U 形管采样器主要基于核心部件过滤渗析组件，通过井下原位被动式过滤渗析进样实现弱扰动被动式吸入技术，通过单向阀隔断高保真采样实现高保真单向阀隔断技术的功能。

　　采用达西定律计算井下进样过滤渗析的渗流过程时，浅层地下水基本不承压。平均渗流路径恒定，其水力坡度为

$$J = \frac{h_1 - h_2}{L} = 1 \qquad (3\text{-}1)$$

式中：J 为水力坡度；L 为渗流路径；h_1 和 h_2 为水头位置。代入达西公式，地下水渗流速度为

$$v = K \frac{h_1 - h_2}{L} \qquad (3\text{-}2)$$

式中：v 为平均渗流速度；K 为渗透系数。

　　由达西定律得到的渗流速度为地下水在多孔介质中的平均渗流速度，其值等于流体真实速度与孔隙度的乘积，黏质土孔隙度为 45%~60%。单位时间内的流量 q 等于流体真实速度（v/ϕ）与井筒侧壁过水断面面积的乘

积，即

$$q = A_孔 \frac{v}{\phi} \tag{3-3}$$

式中：q 为单位时间内的流量；$A_孔$ 为过水断面面积；ϕ 为孔隙度；v 为平均渗流速度。井筒内总流量 Q 等于单位时间内的流量 q 与渗流时间 t 的乘积，即

$$Q = qt \tag{3-4}$$

则渗流时间为

$$t = \frac{Q}{A_孔 \dfrac{K\ (h_1 - h_2)}{\phi L}} \tag{3-5}$$

式中：过水断面面积 $A_孔 = 1.73\ \text{cm}^2$；渗透系数为 $K = 4.5 \times 10^{-4}\ \text{cm/s}$；粉质黏土的孔隙度 ϕ 约为 50%；渗流路径 $L = 9\ \text{m}$；水头差 $h_1 - h_2 = 9\ \text{m}$。

室内试验测试得到的主要结论如下：

（1）渗流速率的控制因素为过水面积，与小孔总面积有关，与单孔孔径无关。

通过井筒侧壁所钻 2 mm 小孔的个数换算可以得到，A 组、B 组、C 组的过水面积分别为 12.57 mm²、172.79 mm²、1138.8 mm²。如图 3-3 所示，在过水面积很小的情况下（A 组），渗流速率很小，尚未达到平衡，线性规律显著；在过水面积很大的情况下（C 组），20 h 内迅速达到渗流平衡，渗流速率与过水面积呈典型的线性关系，符合达西渗流定律。

渗流速率与小孔孔径无关，因为井筒侧壁进水小孔的孔径（2 mm）远大于土体颗粒直径（$d_{95} < 0.1$ mm），如图 3-4 所示。这意味着小孔断面处的流动是多孔介质渗流，而不是小孔出流。控制因素为土体颗粒及其间隙。

（2）试验测试井筒侧壁小孔的有效面积与渗流平衡时间有关。其中，在 55 个 2 mm 小孔的情况下，渗流平衡时间约为 53.6 h，由此可选定满足实际工程要求的孔径与数量。

（3）采样段的小孔处设有滤网，滤网目数越高，井筒内渗入的水样的携沙量就越小，且滤网目数对渗流速率影响很小。依据地层中土体颗粒的粒径分布，过滤井筒侧壁小孔的滤网规格选为 200 目。

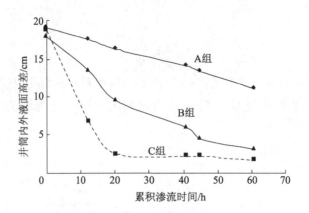

图 3-3　过滤渗析组件测试：不同过水面积下渗流平衡曲线

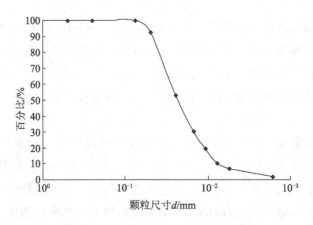

图 3-4　过滤渗析组件测试：土样颗粒粒径过滤能力分析

　　由土体的粒度成分试验累积曲线可知，地层土 $d_{50} = 0.021 \sim 0.032$ mm，$d_{95} = 0.068 \sim 0.071$ mm。设置的滤网的孔径大小应既不引起超滤效应，又能防止细颗粒的逐渐堵塞，故滤网筛孔尺寸参照土颗粒直径 d_{95} 选择 0.075 mm，对应滤网标准规格 200 目，如表 3-1 所示。

　　井筒侧壁采用粘贴式结构，尼龙材质。对于单向阀前端的过滤方案，由于弹簧式单向阀应尽量避免在含泥砂的水中长期工作，因此为保证核心元件单向阀的耐久性，对其前端的保护应尽量采用高规格的过滤方案。

表 3-1 过滤渗析组件：过滤网目数与筛孔尺寸换算表

筛孔尺寸/mm	滤网规格/目	备注
0.100	150	
0.075	200	$d_{95} = 0.068 \sim 0.071$ mm
0.025	500	$d_{50} = 0.021 \sim 0.032$ mm

注：① 筛孔尺寸对应需要过滤的最小颗粒粒径，参考国家标准《工业用金属丝编织方孔筛网》（GB/T 5330—2003）；

② 标准目数对应滤网的规格，与筛孔尺寸呈对应的换算关系。

结合上述渗流理论推导及核心参数室内测试确定，过滤渗析组件设计如图 3-5 所示。该组件通过设置密集进水小孔、过滤层、渗析层、防微生物聚集清洁层、单向阀隔断层等模块并将其集成为一个整体，实现自主设计定制加工。

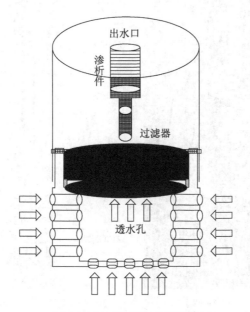

图 3-5 过滤渗析组件设计图

3.2.3 井下 PVC 滤水段

高精度低扰动 U 形管采样器的原位保压 U 形管采样技术主要通过定制 PVC 滤水段及定制背压阀配合实现。PVC 滤水段设置在井下，在压力差作用下接受地层水渗入补给，滤水段内部搭载U形管采样器，外部圆周设置过滤网，上下端设置定制多管线连接接头。组成部件包含储流容器、三通、单向阀、过滤渗析组件等，其连接结构为：过滤渗析组件连接单向阀，单向阀通过三通与储流容器和导管连接，如图3-6所示。

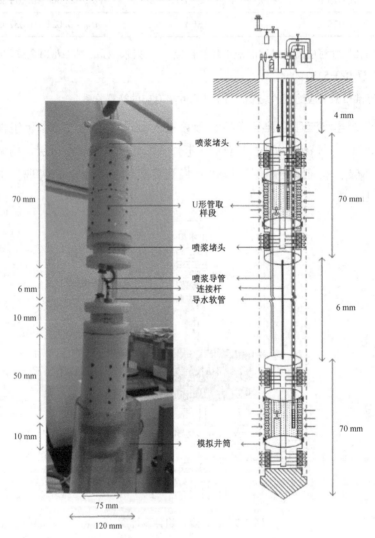

图3-6 地下水分层采样井下滤水管结构图

3.2.4 背压阀

原位保压U形管采样技术需定制背压阀配合井下PVC滤水段。通过厂家定制指定压力值及相关功能的背压阀阀体，集成安装压力传感器和特制过滤器，进而通过一体化集成定制的背压阀实现原位保压采样、快速背压操作等功能。经过实验室测试，井下 PVC 滤水段及定制背压阀保压 U 形管采样过程如图 3-7 所示，原位保压采样压力分别为 0.1 MPa、0.2 MPa 和 0.3 MPa，测试效果良好。

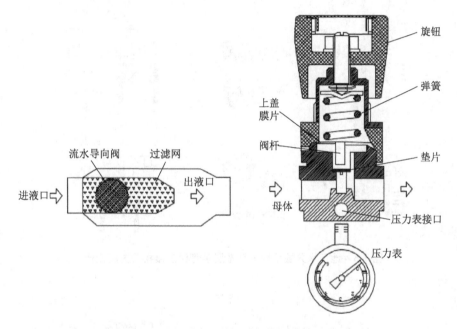

图 3-7　地下水分层采样定制背压阀设计图

3.2.5　多管线连接接头

多管线连接接头的功能为实现井下多层 U 形管管路通道的独立连接以及穿线密封等。设计及加工方案如图 3-8 至图 3-10 所示。

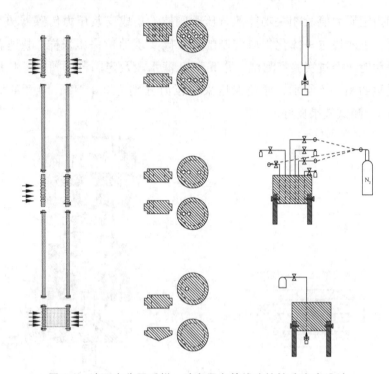

图 3-8　地下水分层采样一孔多层多管线连接接头方案设计

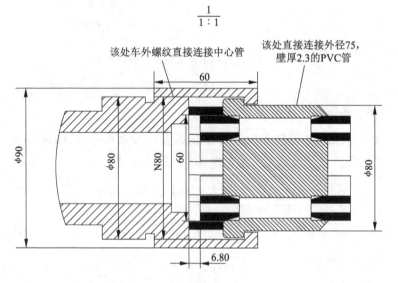

图 3-9　地下水分层采样一孔多层多管线连接接头详细设计（单位：mm）

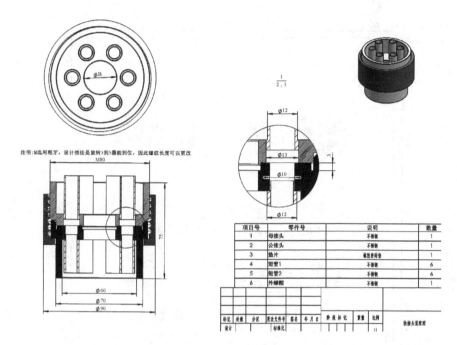

图 3-10　地下水分层采样一孔多层多管线连接方案效果图（单位：mm）

3.2.6　井头控制面板

地下水 U 形管分层快速采样设备在井头固定装置的辅助下，顺利完成下井，然后设置水泥墩进一步保护井头。在水泥墩上方设置井头控制面板，如图 3-11 所示。需要注意的是，水泥墩的尺寸由井头控制面板决定，而井头控制面板的尺寸受采样层数及小孔接头数量影响。实施过程为：砌 50 cm 高的方形围墙把 U 形管井头包在里面，上方设置井头控制面板，并通过软管连接 U 形管与井头控制面板的对应通道。砌好后，在井头墙上放置预制的水泥盖。此装置外部设有保护箱，各个部分可以分拆，部件更换简单，运输方便。

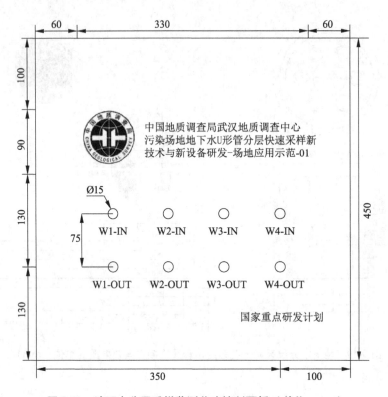

图 3-11　地下水分层采样监测井头控制面板（单位：mm）

3.3　集成式一孔多层采样技术研发

　　在 U 形管采样器研发成果的基础上，进行集成式一孔多层采样技术研发，从而扩展研制地下水 U 形管分层快速采样装备，解决现有地下水分层采样技术普遍存在的耗时长、效率低等技术问题。

　　研发内容包括：① 地层封隔器定制设计。实现在井下多物理约束条件下多个地下水采样层位的止水封隔，切断不同深度地下水的水力联系。拟摒弃物理膨胀传统工艺，研发基于化学材料遇水膨胀机理的新型止水封隔器。② 一孔多层井筒连接构型设计。在一套采样设备内要搭载多套 U 形管采样器，多条采样管线如何穿越布置？多管线接头如何快速分段连接？③ 井口氮气瓶多层同时驱替采样的结构化设计与功能测试。扩展实现 U 形管地下水分层采样器的研制，构建多层同时驱替洗井和采样的地下水分层快速采样方法，大幅缩短采样时间。

3.3.1　地层封隔器

为了实现一孔多层采样，需要设置地层封隔器将各个地下水采样层密封隔离，避免钻孔内不同深度地下水相互污染。首先，对目前已有的封隔器类型、工作原理及应用范围进行市场调研。然后，结合污染场地的采样要求，比较各类封隔器的优缺点，筛选出适合污染场地地下水采样的封隔器类型。

开发应用于浅层土壤层的新型孔内封隔器，用于水文监测井的层间水分隔，取代传统的填料黏土球隔水层技术，为"一孔多层"水文井的采样代表性问题提供优秀的解决方案。基于此，本小节主要就机械膨胀式封隔器进行了相关的设计及试制。

封隔器的工作原理为：采用弓形弹簧制作内骨架，下井坐封时靠自身弹力缩回并撑开外部薄壁可伸缩橡胶筒，使得骨架在下井后张开膨胀，压紧井壁起到封隔水层的效果。具体结构如图 3-12 所示。

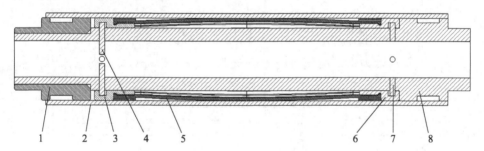

1—上连接套；2—薄壁可伸缩橡胶筒；3—上弓形弹簧座；4—锁紧及触发销钉；
5—弓形弹簧（多件组成）；6—下弓形弹簧座；7—定位销钉；8—中心管。

图 3-12　机械膨胀式封隔器结构设计图

在下井坐封作业前，施加外力使得弓形弹簧骨架缩回，然后通过锁紧销钉锁紧上弓形弹簧座，这样可使整个封隔器外径缩小，从而顺利下井。下井到预定井位后，触发锁紧装置，弓形弹簧骨架靠自身弹性缩回，同时其中部向外张开，骨架整体外径增大，并撑开外部薄壁可伸缩橡胶筒，压紧橡胶筒贴紧井壁，完成坐封，如图 3-13 所示。

封隔器外部采用由天然橡胶和丁基橡胶构成的可膨胀橡胶筒，它具有良好的伸缩性和抗老化性能，在内部弹簧的支撑下该橡胶筒能有效膨胀，起到密封井壁的效果，如图 3-14 所示。

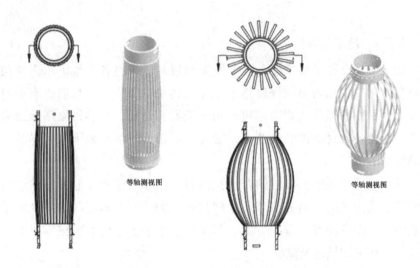

图 3-13　机械膨胀式封隔器井下坐封解封工作示意图

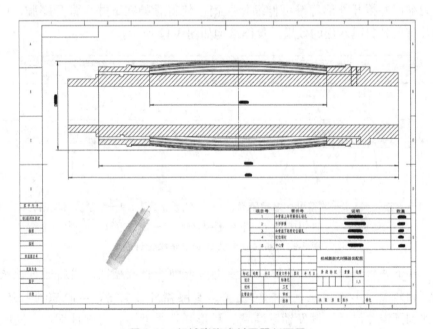

图 3-14　机械膨胀式封隔器剖面图

该封隔器的中心管主要起支撑连接的作用。按照该封隔器的装配图，将成品零部件组装成型，初步试制成封隔器，如图 3-15 所示。其连接方式为中心管上下端连接 PVC 管，内部预留通径可过管线等。封隔器内部管线穿出后连接至快接头断面的快速转接头处，而后通过下部快速转接头连接下部管线，最后通过外部螺母与封隔器中心管连接成一体，如图 3-16 所示。

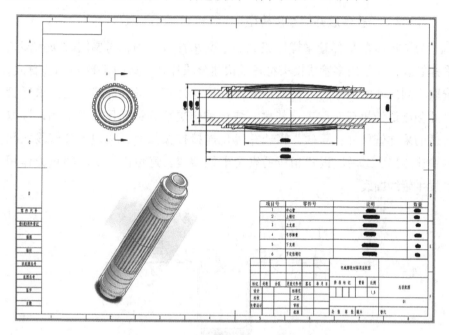

图 3-15　机械膨胀式封隔器整体装配图

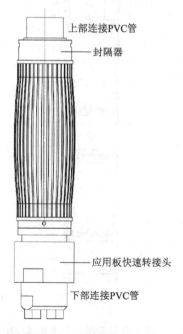

上部连接PVC管

封隔器

应用板快速转接头

下部连接PVC管

图 3-16　机械膨胀式封隔器快速转接头连接结构图

3.3.2　一孔多层井筒连接构型

为了将多套 U 形管采样器集成在一套采样设备内，需要同时布置多条采样管线，并使用多管线接头将各段快速分段连接，如图 3-17 所示。首先，选取不同尺寸的采样管，根据各采样管尺寸计算其最大流量，建立采样管尺寸和流量的相互对照表；其次，结合采样层数和钻孔尺寸的限制，选取合适的采样管尺寸；再次，筛选并优化连接接头尺寸，实现各分管段之间的快速连接；最后，设置相应的安全卡锁装置，避免由于长时间重力作用而发生管线断裂。

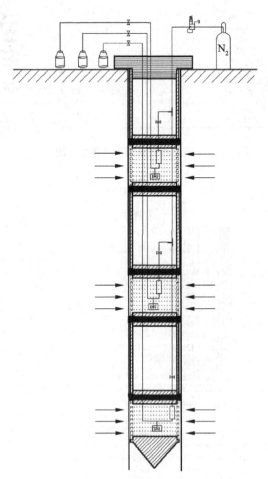

图 3-17　地下水分层采样一孔多层连接构型图

对地下水分层采样装置的连接构型进行设计，减少管路数量，提高层数承载力。通过改进并优化采样器的进气管路结构，使采样器的层数承载力翻倍。

3.3.3　井口多层同时驱替采样管阀测控系统

为了提高采样效率，缩短采样时间，可在井口设置流体流动控制面板，利用分流接头及相应的控制阀对井口氮气瓶进行分流，但需确保各个层位具有足够的驱替压力和流量，进而实现多层同时驱替洗井的地下水分层快速采样功能。

基于地下水一孔多层同时驱替技术实现地下水分层快速采样，进一步缩短污染场地地下水多层采样时间。氮气瓶多层同时驱替采样装置结构化设计，以氮气瓶为驱替压力源，多层 U 形管采样器的驱动端连接至一个管道与氮气瓶相连，多层 U 形管采样器的采样端分别与 1 L 采样瓶连接。以三层地下水同时驱替采样为例，制定功能测试方案，采样装置如图 3-18 所示。该装置尾端设有独立的背压阀，各通道单独采样。

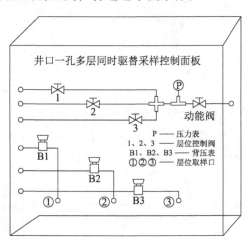

图 3-18　井口一孔三层同时驱替采样装置示意图

以六层地下水同时驱替为例，氮气瓶六层同时驱替采样装置设计如图 3-19 所示。外壁设有保护装置，避免运输过程中因磕碰阀门和接头部位松动而泄漏。试制加工，现场工作效果如图 3-20 所示。

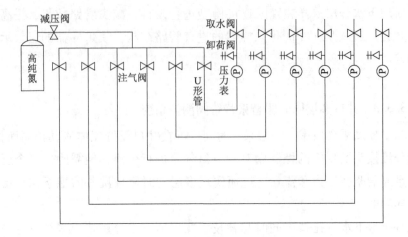

图 3-19 井口一孔六层同时驱替采样装置设计

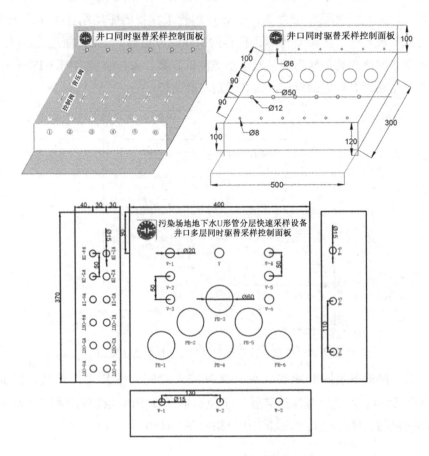

图 3-20 井口一孔六层同时驱替采样装置加工图

3.4　多功能集成的井下监测模块研发

在整体结构设计、室内测试表征、最小化可行性测试、模块化功能测试等研究手段的基础上，开展高精度低扰动 U 形管采样技术研发，具体包括井下储流容器定制、过滤渗析组件定制研发、井下 PVC 滤水段研发、多管线连接接头定制研发、井头固定装置定制、井头控制面板定制、氮气瓶多层同时驱替采样装置研发。

多功能集成的井下监测技术的工作原理如下：气体推动采样技术消除了采样管（无需配备电动泵）的尺寸约束，克服了采样管管径缩小受限的技术问题，从而增加了井下有效利用空间，提升了地下水 U 形管分层快速采样设备的井下功能集成潜力。在此基础上，研制多功能集成的井下监测模块，使得地下水分层采样设备兼具井下原位监测功能。井下监测模块的研发内容包括小口径采样管选型及多通道管线方案制定、井下传感器组件遴选集成及监测数据实时传输组件研制。

3.4.1　井下传感器组件遴选调研

从不同污染场地典型地下水污染问题出发，遴选适合原位监测或井下长时间序列实时监测的地下水参数指标，并对已有地下水监测传感器组件进行调研，如荷兰的 Diver 系列、美国的 in-situ 系列、加拿大的 Solinst 系列，以及压力传感器、温度传感器、电导率电极、pH 电极等，完成遴选、组配、调试、信号集成采集与输出，以期实现地下水环境定制化指标的井下原位监测。

井下传感器组件拟集成压力水位计、电导率、pH、溶解氧、流量计、氨氮、浊度计、COD、水中油、叶绿素、蓝绿藻、透明度和氧化还原电位等传感器。调研遴选工业界较成熟的地下水检测传感器组件，如表 3-2 所示。

表 3-2　井下传感器组件遴选清单

监测指标	量程	精度	原理	型号	防水等级	外形尺寸	集成形式
压力	0~10 m	0.05%/F.S.	硅电容静压法	FV-YL-1	IP68	$\phi22$ mm×150 mm	井下

监测指标	量程	精度	原理	型号	防水等级	外形尺寸	集成形式
电导率	0.5~1000 mg/L	5%F. S.	电极法四级式电导		IP68	$\phi22$ mm×170.5 mm	井下
流量	流速 0.02~5 m/s	±1% ±0.01 m/s	多普勒超声面积法	FV-LSX-3	IP68	长 210 mm×宽 55 mm×高 35 mm	井下
浊度	0~4000 NTU	3%F. S.	红外光谱法		IP68	$\phi22$ mm×170.5 mm	井下
pH	0~14	±0.2	电极法		IP68	$\phi22$ mm×170.5 mm	井下
氨氮	氨氮、K^+: 0.3~1000 mg/L, pH 0~14	氨氮、K^+读数的15%或2 mg/L, pH 精度±0.2	离子选择电极法	FV-ISE-2	IP68	$\phi34$ mm×170.5 mm	井下
溶解氧 DO	0~20 mg/L	±0.3 mg/L	荧光法	FV-FDO-1	IP68	$\phi22$ mm×170.5 mm	井下
COD	0~200 mg/L	±2%	双波长紫外法	FV-UVCOD-1	IP68	$\phi45$ mm×180 mm	井下
水中油	根据实际油样决定	3%F. S.	荧光法	FV-OIL-1	IP68	$\phi45$ mm×180 mm	井下
叶绿素	0.15~400 μg/L	$R^2>0.999$	荧光法		IP68	$\phi22$ mm×180 mm	地面
蓝绿藻	0.15~100 μg/L	$R^2>0.999$	荧光法		IP68	$\phi22$ mm×180 mm	地面
透明度	5~2000 cm	0.1 cm	反射法		IP68	$\phi25$ mm×180 mm	井下
氧化还原电位	−1999~+1999 mV	±20 mV	玻璃电极法		IP68	$\phi25$ mm×180 mm	井下

3.4.2 地下水监测模块整体结构

在上述传感器组件调研遴选的基础上，井下地下水监测模块拟按每4个传感器一组进行集成，如常规水质四参数监测模块（地下水位、pH、DO、电导率）、污染场景水质四参数监测模块（氨氮、水中油、浊度、氧化还原电位）等。

地下水监测模块整体结构包括三部分：供电电池包、数据采集传输（RTU）和4支水质传感器。研发设计实现了供电电池包和数据采集传输的小型化一体化封装，可实现数据远程自动传输与数据平台化管理。

将研发的地下水水质监测模块多级串联后在井下安装，可实现不同水质监测指标集成监测、不同地层深度分层监测的井下原位自动化监测技术

体系。通过井下不同深度层位或不同含水层（含水岩组）的多个水质指标
分层监测，获取钻孔内特征污染物随地层深度变化的浓度扩散梯度。

地下水监测模块在监测井内多级串联安装，对地下水实施多指标分层
自动监测，如图 3-21 所示。

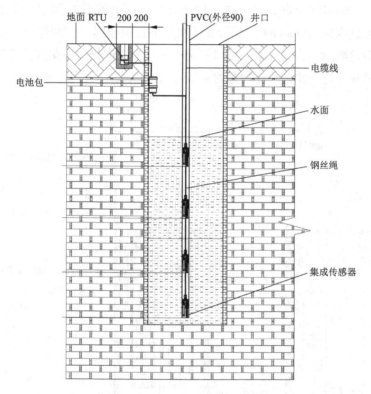

图 3-21　地下水分层监测井下传感器组件多级串联工作（单位：mm）

现场安装及系统连接方式如下：便携式电池包通过开孔器直接固定在
井口地面，数据采集与传输单元 RTU 内置于便携式电池包中。单根电缆线
连接多个地下水监测模块，分别下井安装放置在不同地层深度。远程自动
化监测应用场景供电除选择太阳能电板外，还可以在井内安装 1~3 个电池
组件，以解决多级地下水监测模块的井下供电问题。

3.4.3　地下水监测模块结构设计

单个地下水监测模块拟集成 4 个水质指标的传感器：遴选压力水位计、
电导率、pH、溶解氧、流量计、氨氮、浊度、COD、水中油、叶绿素、蓝

绿藻、透明度和氧化还原电位等传感器。

地下水监测模块结构包括集成传感器外壳、4个传感器、四芯电缆线、钢绳吊耳、防水接头和钢丝绳等，如图 3-22 所示。单个地下水监测模块通过304钢丝绳安装在钻孔内：钢丝绳一端连接地下水监测模块外壳上的钢丝绳吊耳，实现多级串联，另一端延伸至井口地面并在井口固定。多个集成传感器通过内径 90 mm 的 PVC 管安装在井下：钢丝绳1一端连接集成传感器上的钢丝绳吊耳，另一端在井口固定；钢丝绳2连接另一集成传感器上的钢丝绳吊耳。每个集成传感器通过4颗十字盘头螺钉与内径 90 mm 的 PVC 管连接。

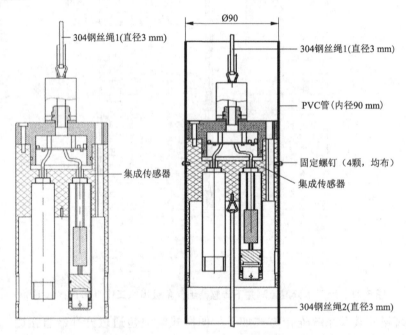

图 3-22　地下水监测模块结构设计图

地下水监测模块关键部件三维设计如图 3-23 所示，整体设计如图 3-24 所示。集成传感器外壳体内设4个传感器位置，中心顶端内凹处预留4个传感器信号接头通道，中心内环设3个中空通道用于相关空压管线、电缆线、钢缆绳等穿越。中心外环设3个螺纹孔，用于壳体和盖板连接。外壳体材料选择黑色 POM 塑钢加工，整体外表面烤黑色漆。外壳体上盖板选用黑色POM材质加工，设 O 形圈用于防水，中心预留通孔用于连接钢丝绳吊耳和接头，电缆线从吊耳穿过，整体防水等级达 IP68。

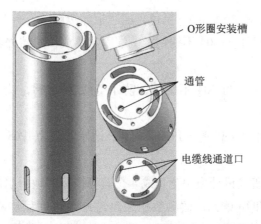

图 3-23　地下水监测模块关键部件三维示意图

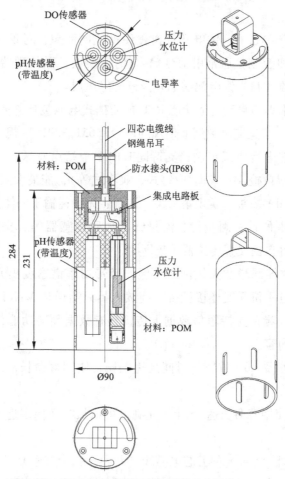

图 3-24　地下水监测模块整体设计图（单位：mm）

四芯电缆线：外径 8 mm，黑色，四芯带屏蔽层。

钢绳吊耳：材质为 304 不锈钢，一端固定集成传感器外壳，另一端固定钢丝绳。

防水接头：材质为 304 不锈钢，防水等级为 IP68，接口尺寸为 M12×1.5。

集成传感器外壳：材质为 POM，黑色，防水等级为 IP68，直径为 90 mm，长为 231 mm。

如前所述，研发设计模块化集成 4 个监测指标的地下水监测模块，并在此基础上对井下供电单元、监测数据采集与自动化远程传输单元进行优化整合。鉴于此，研发试制了一体化的供电与数据传输单元 RTU，每半年更换电池维护。

具体实施方式如下：供电部分设置便携式电池包，对现场信号、工业设备进行监测和控制，通常由信号输入/输出模块、微处理器、有线/无线通信设备、电源（自带锂电池供电）及外壳等组成。

融合数据采集与自动传输功能 RTU 的便携式电池包具备多项优点：

（1）符合《水文监测数据通信规约》（SL 651—2014）规定，特殊场合可根据客户要求进行协议定制；支持同时向多个站点发送报文；支持多种工作模式（包括自报式、查询/应答式、兼容式等），能最大限度降低功耗；内嵌 GPRS/CDMA 模板，实现集采集、控制、无线传输于一体。

（2）支持水位计、雨量计、流量计、水质传感器等。支持远程升级、配置与维护，可自由设置传感器采集周期。

（3）20 dB 编码增益无线网络传输，窄带功率谱密度提升，透传能力强；现场可通过手机无线连接设备，调试人员只需通过 Web 即可对设备进行配置和状态查看；支持短信数据上传，具有数据预警功能，可根据用户需求设置短信内容。

（4）能够承受 40 t 重物长时间高速碾压，使用寿命长，体积小，维护方便。

（5）电池使用寿命长达 15 年，充满电可以长时间使用近 5 年，无需更换电池。

（6）通过外径 8 mm 的五芯电缆线（其中一根为气管）、防水等级 IP67 的航空插头和集成传感器连接，并且可以同时接 3 个集成传感器。便携式电池包既可以安装在管壁内，也可以装在井口路面上。

3.5　本章小结

本章针对地下水分层采样效率低、耗时长，地下水采样扰动大、地下水样品代表性存在偏差，采样管径尺寸缩小受限、井下技术集成能力低等三大关键技术问题，基于气驱式采样技术路线研发了污染场地地下水 U 形管分层快速采样技术设备。主要研究内容包括高精度低扰动 U 形管采样技术研发、集成式一孔多层采样技术研发、多功能集成的井下监测模块研发。具体通过整体结构设计、室内测试表征、最小化可行性测试、模块化功能测试等研究手段，对地下水 U 形管分层快速采样设备的关键部件进行研制及优化，包括井下储流容器定制、过滤渗析组件定制研发、井下 PVC 滤水段研发、多管线连接接头定制研发、井头固定装置定制、井头控制面板定制、氮气瓶多层同时驱替采样装置研发。

第4章

弱扰动原位地下水分层探测监测技术与设备

第3章针对地下水分层采样效率低、耗时长，地下水采样扰动大、地下水样品代表性存在偏差，采样管径尺寸缩小受限、井下技术集成能力低等三大关键技术问题，基于气驱式采样技术路线研发了地下水 U 形管分层快速采样技术设备。本章拟提供一种弱扰动原位地下水分层采样监测设备的具体连接加工方式，并通过最小化可行性验证、室内微缩模型测试等进一步优化系统参数，验证技术的可行性。

4.1 弱扰动原位地下水分层采样监测设备

本节阐述了一种弱扰动原位地下水分层采样监测设备的具体连接与加工方式，系统结构设计如图 4-1 所示。适用于污染场地的自动化多参数地下水环境分层监测井包括含水层分层采样装置、地下水原位自动监测装置和地表水质实时检测装置，其具体连接方式阐述如下。

地下水自动化分层采样装置包括设置在钻井中的第一层含水层分层采样装置和第二层含水层分层采样装置，两层采样装置之间通过封隔器进行分隔，二者通过井下设置的封隔器 13 切断上下水力联系。

第一层含水层分层采样装置包括第一导流管 4a、第一三通 5.1a、第一逆止阀 6.1a、第二逆止阀 6.2a、第一井下气驱机构 7a、第一泄压阀 8a、第一螺纹转 NPT 接头 9.1a、第二螺纹转 NPT 接头 9.2a、第三螺纹转 NPT 接头 9.3a、第一井下储流容器 10a、第三逆止阀 6.3a 及第一过滤渗析组件 11a。

第一层含水层分层采样装置的连接方式如下：由下至上，第一过滤渗析组件 11a 通过第三逆止阀 6.3a（由第一过滤渗析组件 11a 至第三螺纹转 NPT 接头 9.3a 方向单向导通）与第三螺纹转 NPT 接头 9.3a 连接，形成的有效功能模块对地下水中浑浊颗粒及大部分微生物进行过滤渗析与隔离。第三螺纹转 NPT 接头 9.3a 设置在第一井下储流容器 10a 的底部，第一井下储流容器 10a 的顶部设置有第一螺纹转 NPT 接头 9.1a 和第二螺纹转 NPT 接

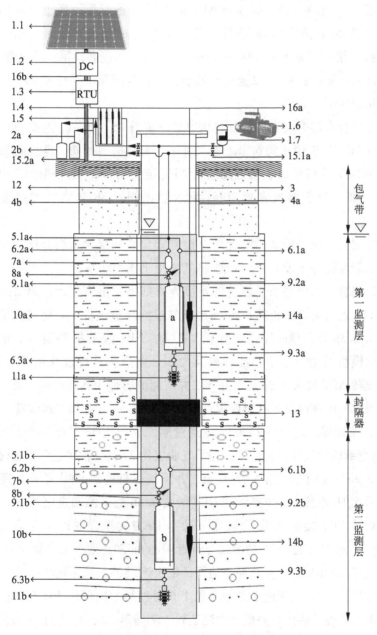

图 4-1 弱扰动原位地下水分层采样监测设备系统结构设计

头 9.2a，第一螺纹转 NPT 接头 9.1a 通过第一泄压阀 8a 与第一井下气驱机构 7a 的底部的出气端连接，第一井下气驱机构 7a 的顶部的进气端通过第二逆止阀 6.2a（由第一三通 5.1a 至第一井下气驱机构 7a 方向单向导通）与第一三通 5.1a 连接，第二螺纹转 NPT 接头 9.2a 通过第一逆止阀 6.1a（由第二螺纹转 NPT 接头 9.2a 至第一三通 5.1a 方向单向导通）与第一三通 5.1a 连接，第一三通 5.1a 与第一导流管 4a 的底端连通，第一导流管 4a 的顶端穿过钻井顶端的井筒 12 延伸至地面，依次连接第一采样瓶 2a、中继装置 1.7 和加压泵 1.6。

第二层含水层分层采样装置包括第二导流管 4b、第二三通 5.1b、第四逆止阀 6.1b、第五逆止阀 6.2b、第二井下气驱机构 7b、第二泄压阀 8b、第四螺纹转 NPT 接头 9.1b、第五螺纹转 NPT 接头 9.2b、第六螺纹转 NPT 接头 9.3b、第二井下储流容器 10b、第六逆止阀 6.3b 和第二过滤渗析组件 11b。

第二层含水层分层采样装置的连接方式与第一层含水层分层采样装置相同，二者通过井下设置的封隔器 13 切断上下水力联系。

第二层含水层分层采样装置的连接方式如下：由下至上，第二过滤渗析组件 11b 通过第六逆止阀 6.3b（由第二过滤渗析组件 11b 至第六螺纹转 NPT 接头 9.3b 方向单向导通）与第六螺纹转 NPT 接头 9.3b 连接，形成的有效功能模块对地下水中浑浊颗粒及大部分微生物进行过滤渗析与隔离。第六螺纹转 NPT 接头 9.3b 设置在第二井下储流容器 10b 的底部，第二井下储流容器 10b 的顶部设置有第四螺纹转 NPT 接头 9.1b 和第五螺纹转 NPT 接头 9.2b，第四螺纹转 NPT 接头 9.1b 通过第二泄压阀 8b 与第二井下气驱机构 7b 的底部的出气端连接，第二井下气驱机构 7b 的顶部的进气端通过第五逆止阀 6.2b（由第二三通 5.1b 至第二井下气驱机构 7b 方向单向导通）与第二三通 5.1b 连接，第五螺纹转 NPT 接头 9.2b 通过第四逆止阀 6.1b（由第五螺纹转 NPT 接头 9.2b 至第二三通 5.1b 方向单向导通）与第二三通 5.1b 连接，第二三通 5.1b 与第二导流管 4b 的底端连通，第二导流管 4b 的顶端向上穿过封隔器 13 并延伸至地面，依次连接第二采样瓶 2b、中继装置 1.7 和加压泵 1.6。位于地面的加压泵 1.6 通过第一电缆线 16a 与太阳能充电式电源 1.2 连接供电，并配合中继装置 1.7 与第二层含水层分层采样装置的第二导流管 4b 连接，功能在于提供地下水环境分层监测的压力源，以设定的压力值及脉冲频率（对应采样频率），以中继装置提供的高纯氮气作为气驱采样的压力媒介。

第一导流管 4a 的顶端穿过井筒 12 延伸至地面与第三三通 5.2a 连接，第三三通 5.2a 通过第一球阀 15.1a 与中继装置 1.7 连接，第三三通 5.2a 还依次通过第三球阀 15.2a 以及对应的水质流通检测池 1.5 与第一采样瓶 2a 连接，水质流通检测池 1.5 内设置有地面传感器阵列 1.4。

第二导流管 4b 的顶端穿过井筒 12 延伸至地面与第四三通 5.2b 连接，第四三通 5.2b 通过第二球阀 15.1b 与中继装置 1.7 连接，第四三通 5.2b 还依次通过第四球阀 15.2b 以及对应的水质流通检测池 1.5 与第二采样瓶 2b 连接，水质流通检测池 1.5 内设置有地面传感器阵列 1.4。

地面传感器阵列 1.4 与监测数据采集与远程传输模块 1.3 连接。

中继装置 1.7 与加压泵 1.6 连接，水质流通检测池 1.5 与监测数据采集与远程传输模块 1.3 连接，监测数据采集与远程传输模块 1.3 通过第二电缆线 16b 与充电式电源 1.2 连接，充电式电源 1.2 通过第一电缆线 16a 与加压泵 1.6 连接，充电式电源 1.2 与太阳能电板 1.1 连接。

图 4-1 中所述的地下水分层自动化监测井元件构成包括：太阳能电板 1.1；充电式电源 1.2；监测数据采集与远程传输模块 1.3；地面传感器阵列 1.4（集成 pH、DO、浊度、ORP、电导率等水质检测探头）；水质流通检测池（flow cell，用于检测流水水质）1.5；加压泵 1.6；中继装置 1.7（充填驱替采样的惰性气体，如 99% 以上的高纯氮气）；采样瓶 2a、2b；电源信号线 3；导流管 4a、4b（1/8 不锈钢管、1/8 聚氨酯软管或 4 mm 空压软管等）；三通 5.1a、5.1b、5.2a、5.2b（PU 气动快插接头）；逆止阀 6.1a、6.2a、6.3a、6.1b、6.2b、6.3b；井下气驱机构 7a、7b（具有良好的密封性及承压能力，在 1~2 MPa 压力条件下不泄漏）；泄压阀 8a、8b（超过设定的启动压力值后开始泄压）；螺纹转 NPT 接头 9.1a、9.2a、9.3a、9.1b、9.2b、9.3b；井下储流容器 10a、10b（采样容积 1 L，定制）；过滤渗析组件 11a、11b（定制）；井筒 12（地质勘察井、探采结合井或水文地质监测井，包括地面的井台和地下松散层的护壁井筒）；封隔器 13（定制）；水位计 14a、14b（井下水位计探头，用于原位监测地下水水位、水温、电导率）；球阀 15.1a、15.1b、15.2a、15.2b；电缆线 16a、16b（常规电线，连接太阳能电池与用电设备）。

地下水原位自动监测装置包括第一水位计 14a 和第二水位计 14b，钻井内由封隔器 13 分隔为第一含水层和第二含水层，第一水位计 14a 和第一层含水层分层采样装置均设置在第一含水层；第二水位计 14b 和第二层含水层分层采样装置均设置在第二含水层。第一水位计 14a 和第二水位计 14b 均通过线缆与监测数据采集与远程传输模块 1.3 连接。

地下水原位自动监测装置的功能在于井下原位实时监测各地下水含水层的水位、水温、电导率，通过充电式电源 1.2 及太阳能电板 1.1 实现在野外原位长期供电，通过监测数据采集与远程传输模块 1.3 将井下原位实时监测数据（如第一含水层和第二含水层的水位、水温、电导率）远程传输至控制室。

地表水质实时检测装置包括与第一采样瓶 2a 对应的水质流通检测池 1.5，以及与第二采样瓶 2b 对应的水质流通检测池 1.5。通过水质流通检测池 1.5 配套安装的地面传感器阵列 1.4 实时检测地下水样品的 DO、pH、ORP、TDS、电导率、浊度等水质参数。水质参数通过监测数据采集与远程传输模块 1.3 进行存储与远程传输。值得指出的是，地表水质实时检测装置的水质检测参数类别、精度、频率具有较强的定制化设计与分阶段变换的特征，可依据监测点水质情况、当地污染特性及项目阶段的不同需求进行定制化设计，布设所需的水质检测传感器。根据项目监测各阶段的需求变化，亦可方便增减对应的传感器阵列、修改所需的检测精度与检测频率。

第一层含水层分层采样装置的工作方式如下。

（1）地下水渗析进样。第一井下储流容器 10a 下方的第三逆止阀 6.3a、第一过滤渗析组件 11a 构成的支路接受地层中的地下水原位被动式渗入第一井下储流容器 10a，通过第一过滤渗析组件 11a 实现过滤渗析与隔离水中的颗粒浑浊物，通过第三逆止阀 6.3a 由下至上的单向导通功能实现有效的水样储存。

（2）加压泵脉冲驱动。加压泵 1.6 以中继装置 1.7 的高纯氮气作为压力媒介，依次通过第一导流管 4a、第一三通 5.1a、第二逆止阀 6.2a、第一井下气驱机构 7a 和第一泄压阀 8a，为第一井下储流容器 10a 提供井下脉冲式气驱采样动力，第一井下气驱机构 7a 通过第二逆止阀 6.2a 由上至下单向导通，接受位于地面加压泵 1.6 的脉冲式压力补给，并以中继装置 1.7 提供的高纯氮气为压力驱动媒介，驱动第一井下储流容器 10a 的地下水样。

（3）地下水样驱替输送。第一井下储流容器 10a 通过第一逆止阀 6.1a、第一三通 5.1a、第一导流管 4a 实现地下水采样输送，第一井下气驱机构 7a 压力积累到第一泄压阀 9.1a 设定的启动压力值后开始对下端泄压，在第一井下气驱机构 7a 以氮气为媒介的脉冲式压力驱动下，地下水样通过该支路的第一逆止阀 6.1a 往井筒 12 上方输送至地面，送至第一采样瓶 2a。

第二层含水层分层采样装置的工作方式与第一层含水层分层采样装置的工作方式相同，简述为：加压泵 1.6 以中继装置 1.7 的高纯氮气作为压力媒介，通过第五逆止阀 6.2b 由上至下单向导通进入气驱支路，对脉冲驱动支路的第二井下气驱机构 7b 进行高纯氮气压力补给。第二井下气驱机构 7b 压力积累到第二泄压阀 9.1b 设定的启动压力值后开始对下端泄压，驱动第二井下储流容器 10b 里面的地下水样由地下水采样输送支路的第四逆止阀 6.1b 传输至地面采样瓶 2b，由此完成第二含水层采样。

地下水样井口多参数快速检测。地下水样品经第一导流管 4a、第二导流管 4b 进入对应的水质流通检测池 1.5，水质流通检测池 1.5 中的地面传感器阵列 1.4 检测地下水的 DO、pH、ORP、TDS、浊度等水质参数，检测数据通过监测数据采集与远程传输模块 1.3 远程无线传输至控制室。

地下水原位自动监测装置。第一水位计 14a 和第二水位计 14b 原位实时监测地下水的水位、水温、电导率，监测数据通过监测数据采集与远程传输模块 1.3 远程无线传输至控制室。

不同含水层采样时需严格进行洗井操作，并切换管路、更换采样瓶。一般前两次水样为洗井操作，第三次为地下水正式采样。

利用上述适用于污染场地的自动化多参数地下水环境分层监测井进行采样的方法，包括如下步骤：

（1）设备组装。具体为组装地下水自动化分层采样装置、地下水原位自动监测装置和地表水质实时检测装置。

（2）设备下井。钻机钻孔至指定深度，并清水置换洗井 30 min。将第一层含水层分层采样装置、第二层含水层分层采样装置、第一水位计和第二水位计下井，设置封隔器。

（3）地层封隔。启动封隔器，切断上下采样层位的水力联系。

（4）地下水原位实时监测。通过第一水位计和第二水位计进行地下水的水位、水温、电导率井下原位实时监测，获取长时间序列地下水监测数据。

（5）地下水自动化洗井。通过加压泵对第一层含水层分层采样装置和第二层含水层分层采样装置加压，达到第一泄压阀 8a 和第二泄压阀 8b 的启动压力值时，开始气体驱动第一井下储流容器 10a 和第二井下储流容器 10b，地下水样品传输至地面对应的采样瓶，从而完成地下水原位弱扰动洗井操作。

（6）地面水质多参数快速检测。地下水洗井操作完成后，地下水样输送流经与采样瓶对应的水质流通检测池，水质流通检测池中设置的地面传感器阵列进行水质多参数检测，包括 DO、pH、ORP、TDS、浊度等，数据通过监测数据采集与远程传输模块进行集中存储与远程传输。

（7）地下水自动化分层采样。基于步骤（4）和步骤（6）的数据，结合当地地下水污染情况及项目需求设定地下水采样数量与采样频率。按照步骤（5）进行地下水自动化洗井操作，重复步骤（5）并将水样封装至对应的采样瓶，完成地下水自动化采样操作。针对不同采样层位，重复上述步骤，完成地下水自动化分层采样操作。

（8）样品现场测试与实验室送检。在现场对地下水样品进行必要的测试与分析。对实验室送样检测分析的水样进行前处理，如现场过滤、酸碱保护剂滴定、特殊试剂瓶封口封装、样品标识等。按水样样品送检运输处理规范要求，部分样品需要 4 ℃恒温保存运输，并在 24 小时或 7 天内送至实验室进行分析与检测。

（9）监测井装置复位。将自动采集的地下水样品标识装运完成，在现场安置新的采样瓶。检查适用于污染场地的自动化多参数地下水环境分层监测井的各设备，调试更换，保持安置状态直到下个周期。

4.2　地下水分层采样监测装置最小化可行性验证

回顾地下水 U 形管分层采样技术的发展历程与全球工程应用案例，以及浅层地下水 U 形管分层采样装置的具体实施方式，本节简要说明该装置从概念设计到微缩实验的发展历程。

地下水分层采样监测装置最小化可行性验证的目标在于验证概念设计构想并反馈优化，对各功能区域进行测试并得到实际技术参数，通过微缩实验论证 U 形管核心部分从原理可行到操作可行。其中，功能测试与细节技术指标测定包括单向阀遴选测试、U 形管采样功能测试、过滤方案探索性测试等。在确认组成地下水 U 形管分层采样装置的各区块功能测试通过后，将各功能区块组装成一体，开展综合性微缩测试。

1. 单向阀遴选测试

单向阀亦称止回阀或逆止阀，其作用是防止管路中的介质倒流，一般适用于清净介质，不宜用于含有固体颗粒和黏度较大的介质。常见故障为介质倒流，原因是夹入杂质和密封面被破坏。遴选弹簧式、隔膜式、旋启式等不同原理的产品，需测试其最小启动压力（控制 U 形管采样的最小应用深度）、逆向最大过载压力（氮气注入压力不得超过该值）、不同粒径泥沙颗粒作用下的有效性和耐久性（控制地下水 U 形管分层采样装置的长期使用年限）等。

测试结果如下：① 单向阀启动压力测试，实测值小于标称值 20 kPa，在 0.5 kPa 的水头差作用下即可导通，但启动压力不为零且不能忽略；两个单向阀串联时，前一段能顺利工作，后一段则不能取水。② 单向阀工作压力测试，在 1 MPa 的压力下仍能正常工作，大于标称工作压力限值 0.3 MPa，由此可确定现场采样时氮气瓶加载的最大压力值。③ 单向阀极端环境测试，直接置于淤泥中时，单向阀无法工作，永久性失去单向导通功能；置于纯净水中时，正常工作；置于泥沙颗粒含量高的水中时，单向阀正常工作一段时间后失效。

综上所述可知，单向阀的启动压力和工作压力均能满足使用要求。

2. U 形管采样功能测试

将遴选的元件空压管、单向阀、两通、三通组装为初具 U 形管采样功能的整体结构。对该整体结构进行采样的功能性测试，并模拟极端条件下的工作适应性，如耐压、耐不同粒径泥沙颗粒淤堵、耐低温结冰等。

测试结果如下：① 进水、进气、氮气瓶加压等功能正常，采样操作的压力区间合理；② 启动压力实测值 0.5 kPa <现场工作压力 20~300 kPa<工作压实测值 1000 kPa；③ 在单向阀工作压力限值内，各元件接口不会脱落，空压管不会变形断裂；④ 采样段需设置排气孔，以免内部因空气无法排出形成超压空气，从而抵消内外压力差导致小孔难以持续进水。

3. 过滤方案探索性测试

采用遴选工业元件组装的整体结构采样功能良好，压力测试达到预期（适用深度-200~-2 m，能很好地满足设计要求），但在细泥沙颗粒作用下出现不可恢复的功能失效。这表明组装的整体结构能实现基本的采样功能，启闭压力、适用深度等满足设计要求，但不适应富含泥沙颗粒的地下环境。为此对过滤方案进行探索性测试，测试不同颗粒粒径配比下过滤结构的有效性。

测试结果如下：① 侧壁进水渗流曲线规律较明显，其中过水断面面积是控制渗流速率的主要因素，孔径（毫米级）影响很小；② 不同过滤方案对渗流时间或进水速率的影响有限，但过滤后的含沙量有明显区别。

4. 综合性微缩测试

单向阀、U 形管采样、过滤方案等测试通过后，即可进入综合性微缩实验。长度按现场与实验室 10∶1、井筒直径 1∶1 的比例设置，将各功能区块组装成一体进行测试。U 形管采样段基本按 1∶1 设计，直径为 75 mm，整体长 70 mm，其中间储流段长 50 mm，两端喷浆堵头分别长 10 mm，单向阀、过滤系统、注浆系统核心部分等功能性元件集成在内部。分层采样时将该 U 形管采样段布置于指定深度地层，对地下-4 m 和-11 m 进行采样，故中间连接段长约 6 m，微缩设计为 0.6 m。现场钻孔时，依据装置直径选择合适钻头，井下成孔直径约为 110 mm，此处采用外径为 120 mm 的透明塑料管模拟。

将 U 形管采样段放入直径为 120 mm 的透明塑料管中，模拟现场地下水 U 形管分层采样装置下入钻孔中。微缩实验中，透明塑料管侧壁分层填入石英砂和膨润土，分别模拟地层的储水层和不透水层。其中，U 形管采样段位于储水层深度内，填充石英砂或土壤；连接杆中间至少有一层不透水层，部分填充膨润土。井筒侧壁填料完毕后使整套系统充满水，通过化学注浆封隔系统在喷浆堵头位置实现采样点上下两端地层的封隔，通过 U 形管采样系统对两个不同深度地层的流体进行采样。

测试结果如下：小尺度最小化可行性验证历经多次系统优化、设计变更后，逐项技术指标和装置性能均达到设计预期，成功论证了地下水 U 形管分层采样技术从原理可行到操作可行，并积累了宝贵的测试经验，如遴选核心元件的实际性能指标、适宜的工作压力/深度范围、系统脆弱性及应对措施，达到了阶段性目标。

4.3　地下水分层采样监测技术室内微缩模型

为了对地下水分层采样系统的核心功能模块进行分区功能测试，模拟真实浅层地下水采样装置的采样过程，探索最佳性能参数，需要在实验室搭建地下水分层采样室内微缩模型装置，通过测试反馈采样装置的功能参数，进一步优化装置系统。此外，为了进一步扩大地下水分层采样系统的应用范围，该系统需同时具备科学和展示的双重功能。

鉴于此，研究人员研发试制了地下水 U 形管分层采样器室内微缩模型试验装置。在实验室内构建了一套模拟井筒内地下水分层采样的可视化模型装置，如图 4-2 所示。

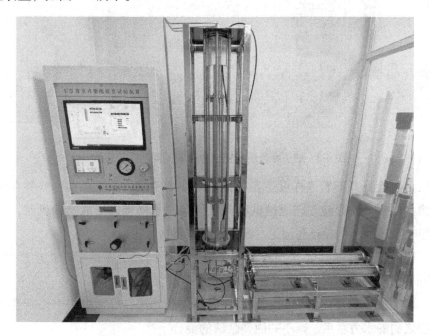

图 4-2　地下水 U 形管分层采样室内微缩模型

4.3.1　室内微缩模型整体结构设计

采用可视化、耐压材料作为室内微缩模型装置的结构框架。为了避免化学影响，选取不同渗透系数的石英砂层模拟不同的含水层，石英砂层放置在长方体的透明耐压材料中。在沙漏的两侧各设置流体进出口，模拟真实地层的地下水循环系统。在进口处通过管线连接流体注入泵，在出口处设置流通通道模拟井眼的自由透水边界，出口处与一个模拟井筒相连。井筒内装有一个微型 U 形管采样系统，采样设备出口端与氮气瓶及采样瓶相连，用于模拟真实的采样环境及过程。初步设计 3 个不同的层位模拟 3 个不同的含水层，如图 4-3 所示。

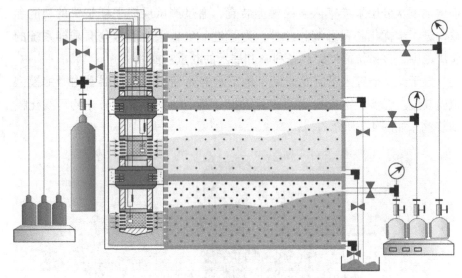

图 4-3　地下水分层采样室内微缩模型装置示意图

为了检测 U 形管采样设备各个核心功能的稳定性和可靠性，需要在沙漏模型中一一进行验证，通过试验测试排除技术问题，形成反馈机制，优化整个系统的结构设计和加工。测试的功能包括：

（1）弱扰动被动吸入：研究采样速率对不同渗透率地层的扰动影响，得到各含水层的最大采样速率。

（2）高保真单向阀隔断：测试单向阀隔断功能，采样过程中切断各含水层之间的水力联系，减小井内残余液的混合干扰。

（3）原位保压采样：研发采样保压设备，在采样过程中能保持并实时监测所采样本的压力，保持样本的密封。

（4）地层分隔器：测试地层封隔器功能，采样过程中保持各含水层密封，互不干扰。

上述室内微缩模型的设计与加工及 U 形管采样系统的功能测试可用于反馈指导 U 形管采样系统的整体结构和方案设计（见图 4-4），为现场检测结果提供重要支撑，对 U 形管采样系统的功能优化和市场应用推广也具有重要意义。

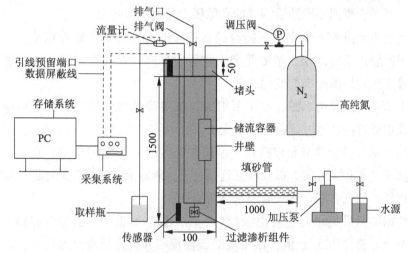

图 4-4　地下水分层采样室内微缩模型连接方案（单位：mm）

地下水 U 形管分层采样室内微缩模型装置的主体结构由 5 部分组成，分别为井筒单元、地层单元、加压单元、地下水分层采样单元和数据采集控制单元，如图 4-5 所示。

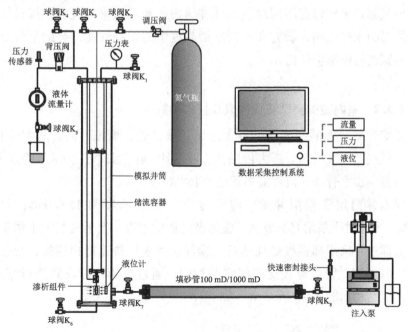

图 4-5　地下水 U 形管分层采样室内微缩模型系统框架图

井筒单元主要由模拟井筒及上下堵头组成，模拟井筒为一高压透明玻璃管，可用于模拟不同地层深度的孔隙压力及含水层骨架。

地层单元由若干个充填不同粒径石英砂的高压玻璃填砂管组成，用于模拟不同渗透率的地层。填砂管两端均设有球阀，在实验过程中通过替换填砂管实现地层渗透率的变化。

加压单元主要由水源、加压泵组成，在实验过程中通过加压泵向模拟井筒及填砂管内注水并维持压力恒定。

地下水分层采样单元包括置于模拟井筒内的 U 形管采样器、置于井筒外的高压气瓶和采样瓶，以及相互连接的管路和球阀。U 形管采样器主要由渗析组件、储流容器、注气管及采样管组成。

数据监测采集单元主要由液位计、调压阀、流量计、压力传感器、采集卡及计算机（PC）组成，用于实时监测模拟井筒内的液位和压力、注气压力、采样流量等参数。其中，液位计位于井筒内，与渗析组件固定在同一高度上；流量计及压力传感器均位于取水管路上，用于测量流体采样速率和采样压力；调压阀位于氮气瓶出口处，用于调节注气压力大小。

该地下水采样可视化实验装置可实现 360°全方位可视化观测，主要用于模拟气驱式采样器在不同地层深度井筒内的地下水采样过程，探索气驱式采样器的采样机制，研究在不同液面高度下的采样性能，有助于气驱式采样装置的性能结构优化。

4.3.2　室内微缩模型装置构成及技术参数

微缩模型装置的主要部件有加压泵、填砂管、模拟井筒、透明管柱、井盖、氮气瓶、减压阀、压力传感器、液位计、流量计、压力表、背压阀、进气管路、出水管路、信号采集系统、取水瓶等。

模拟井筒用于模拟井壁，内径为 207 mm，高度为 1500 mm，耐压 6 MPa，主体材质采用有机玻璃，整体高度透明可视。上下法兰为不锈钢材质，底部法兰采用高强度螺栓连接，顶部法兰采用快速搭扣连接，便于取釜内的圆柱管，管内焊接支架固定圆柱管；通过金属拉杆收紧进行密封。模拟井筒结构如图 4-6 所示。

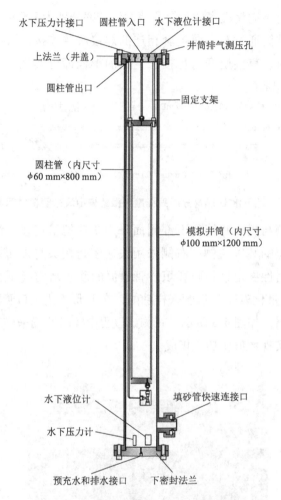

图 4-6　地下水 U 形管分层采样室内微缩模型地层模拟示意图

上法兰（井盖）设置有多个连接管接口和测试孔，其中井盖上有两个内径为 6 mm 的 R 孔（上下端面对称接口形式），下接口采用内径为 6 mm 的管线连接井筒内的圆柱管进出口，上接口采用内径为 6 mm 的管线连接气瓶和流量计等；井盖上端还设有两个引线接口，用于水下液位计和水下压力计测试线的连接。下法兰设有一个内径为 6 mm 的 R 孔，用于预充液和排空。

填砂管通过变化渗透率来模拟不同岩性地层，其内径为 50 mm，长度为 1000 mm，主体材质采用有机玻璃，整体高度透明可视，填砂管内壁通过机械糙化的方式进行打毛，以防止出现填砂层边界窜流现象。填砂管共计两组，可分别进行不同渗透率的砂层装填，渗透率分别为 100 mD 和 1000 mD。填砂管与透明井筒通过与金属护套相连的焊接法兰连接，需要更换不同渗透率的填砂管时，直接松开与焊接法兰间的螺栓即可实现快速切换。填砂管结构如图 4-7 所示。

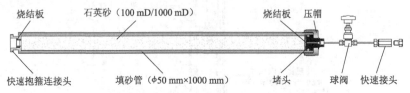

图 4-7　地下水 U 形管分层采样室内微缩模型填砂管模拟示意图

填砂管左侧与模拟井筒的下部侧面采用快速抱箍连接，组成一套完整的模拟浅部地层的装置主体；右侧采用快速密封接头与加压泵连接，保证拆装方便、密封性稳定且不破坏填砂管里面的砂子结构（不影响渗透率的大小）。为了定量化表征 U 形管采样功能，在 U 形管进出口管路外增加流量计、压力传感器，如图 4-8 所示，在测试过程中实时监测采样速率、采样量和采样时间，实现数值化功能集成。

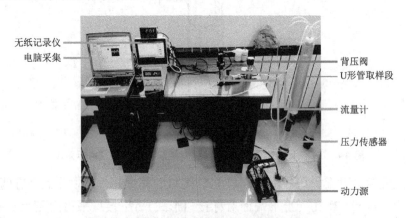

图 4-8　地下水 U 形管分层采样室内微缩模型传感器自动化采集集成

目前，井头已经实现了对采样段采样量、采样速率和采样时间的实时监测，井下实现了对水位和地层压力的监测。因此，可分别获得采样量、采样速率和采样时间与地层压力的对应关系，该结果可为野外采样工作量提供合理的评估及预测。

数据处理软件在 Windows10 环境下运行，采用 Delphi 编程。仪器工作流程显示在界面上，可实现人机对话，操作人员设定好参数后就可以实现无人值守，计算机可自动采集所有的压力、流量、液位等。计算机采集的数据经处理可生成原始数据报表、分析报表及曲线图，同时生成数据库文件格式以便用户灵活使用。数据处理系统功能包括：实现全部测量过程的自动控制和提示，实现压力、流量、液位自动采集和处理，以及实现各种报告。

4.3.3　室内微缩模型试验操作步骤

地下水 U 形管分层采样室内微缩模型装置的具体试验步骤为：通过注入泵吸水经填砂管向模拟井筒内注流体，注满后通过加压泵进行压力加载，升高到指定压力后进入恒压工作模式（模拟目标层地层压力），使模拟井筒内腔压力稳定。压力稳定后通过氮气驱替模块向模拟井筒内部的透明管柱进行驱替，驱替出的液体经过设定好压力的背压阀流至采样瓶中。同时，模拟井筒上盖上部还有一个放空口，可通过压力显示仪表直接读出井筒内部压力，达到所需压力后可进行放空处理。外部控制面板设有管阀和传感器，用于监测 U 形管内流量和压力的实时变化。

地下水 U 形管分层采样室内微缩模型装置通过改变压力和填砂管渗透率，模拟在不同地层深度孔隙压力和不同地层含水岩组渗透系数情况下，U 形管基本功能（包括采样量、采样时间、采样速率）等性能指标随压力和渗透率的变化情况。通过实时监测地层压力变化和 U 形管采样速率、采样量，建立采样速率和采样量与地层压力和地层渗透率的对应关系。通过对 U 形管采样功能各技术难点进行实验测试，排除技术问题，形成反馈机制，优化整个系统的结构设计和加工。

在测试过程中，监测参数主要包括采样量、采样速率和采样时间，控制参数主要包括渗透率、地层水压力、采样管有效体积（储流容器）和进气压力大小。试验目标主要包括以下三点。

（1）采样量、采样速率、采样时间的影响因素。操作步骤如下：

① 通过泵向模拟井筒加压，打开 V_1 排空阀（排空模拟井筒空气），打开 V_3 阀（排空 U 形管内的空气），模拟井筒水位升至井盖时关闭 V_1 阀，压力升至地层采样深度压力时关闭 V_3 阀，加压泵呈恒压状态。

② 在加压过程中，随着模拟井筒水压上升，水会进入透明管内，待透明管内压力和模拟井筒压力一致时，进样完成。

③ 氮气压力通过减压阀调至 0.5 MPa，背压阀调至 0.2 MPa，向 U 形管内注入氮气驱替 U 形管内的水样，U 形管内压力达到 0.2 MPa 时水样会突破背压阀流至采样瓶中，直到没有水流出来，断开气源，完成第一次采样。

此时，模拟井筒内的水会再次进入透明管内，模拟井筒水位下降。整个采样过程会记录采样时间 h、进样时间 h_1、采样量 V、模拟井筒水位变化 H、模拟井筒压力变化 P_1、采样时的流量 Q、采样时 U 形管内压力变化 P_2。

（2）采样速率与地层水压力的关系。通过加压泵改变地层压力，得到采样速率与地层压力的变化关系。

（3）采样代表性论证：将带离子的液体（模拟井筒残留液）加满模拟井筒，加压泵持续向模拟井筒注水，多次采样，取出来的水样和注入的水样接近或者满足要求。操作步骤如下：

① 将配好带有离子的水溶液倒入模拟井筒内。通过加压泵向模拟井筒持续注入清水。

② 氮气驱替 U 形管内的水样至采样瓶中。

③ 连续采样 10 次，分析水样，记录采样次数与水样离子随采样次数的变化趋势，判断第几次取出的水样和注入端清水一样。

4.4　地下水分层采样监测技术室内试验测试

4.4.1　地下水分层采样过程功能表征

为了分析采样器在不同液面高度下的采样性能，研究人员开展了一系列不同液面高度下的采样性能测试。整个采样过程可分为进样和采样两个阶段。

进样阶段：使注气管和采样管上的球阀 K_3 和 K_4 保持开启状态，模拟井筒内的水在压差的作用下经过渗析组件慢慢渗入 U 形管采样器的储流容器及管路中。当液位计的数值保持不变时，进样阶段结束。此时，可观察到 U 形管采样器内的流体液面低于模拟井筒内的液面，存在一个液面差，这是渗析组件内的单向阀导致的。

采样阶段：关闭球阀 K_3 和 K_4，球阀 K_2 保持开启状态，调节调压阀保持一个恒定值，打开氮气瓶，N_2 通过注气管以定压力的方式注入 U 形管采样器管路及储流容器内。储存在 U 形管采样器管路及储流容器中的水在 N_2 的压力作用下通过采样管被驱替至采样瓶中。在采样过程中，通过数据采集控制单元可实时监测调压阀的注气压力、液位计的液面高度及流量计的瞬时采样速率。当采样速率快速增加时，迅速关闭球阀 K_2 和氮气瓶，采样结束。重新打开球阀 K_3 和 K_4 则进入下一个进样及采样循环。

　　每次取样后，模拟井筒内的流体液面都会降低。通过比较 U 形管采样器在不同液面高度下的采样量、采样速率及采样时间，评价 U 形管采样器在不同液面高度下的采样性能，揭示 U 形管采样器的采样机理，可为采样器的结构优化和性能提升提供技术指导。

　　图 4-9 及图 4-10 分别为当液面高度为 1.278 m 和 1.120 m 时，采样器在采样过程中液面高度 H、流量 Q 及注气压力 P 随时间的变化规律。在不同液面高度下，采样过程具有相似性。

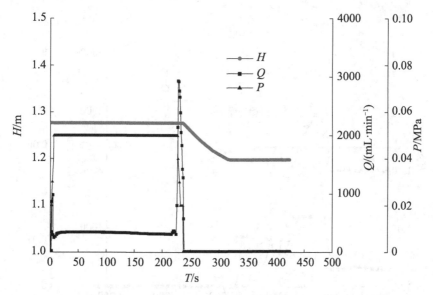

图 4-9　地下水分层采样过程流量、压力、水位参数变化（液面测试高度 1.278 m）

　　采样阶段是将储存在 U 形管采样器管路内的流体通过气驱方式驱替至采样瓶中，进样阶段则是模拟井筒内的流体在静水压力作用下进入 U 形管采样器的储流容器及管路中。下面以 1.120 m 液面高度下的采样过程为例，详细阐述 U 形管采样器的采样过程。

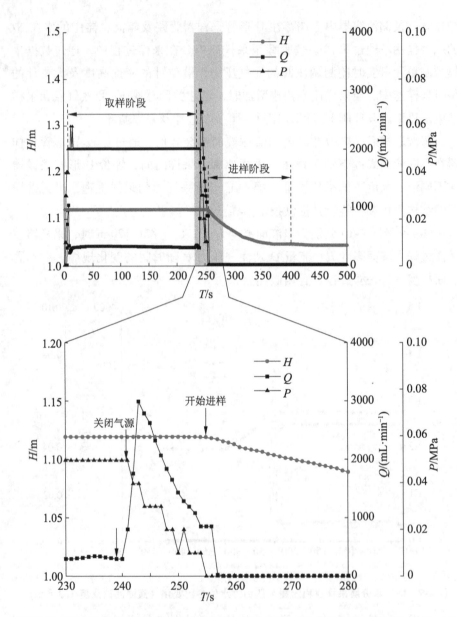

图 4-10 地下水分层采样过程流量、压力、水位参数变化（液面测试高度 1. 120 m）

在采样阶段，随着注气压力 P 增加至 0.5 MPa，瞬时采样速率 Q 突然增加至 1000 mL/min 后迅速降低并趋于平稳，维持在 320 mL/min 左右，此时取水端开始出水。液面高度 H 在采样阶段内保持在 1. 120 m，说明在采样过程中，U 形管采样器内的流体与模拟井筒内的流体未接触。当管路内的流体压力大于井筒内的流体压力时，管路内的流体可以保持密封状态，不受周围环境的干扰。当采样时间达到 240 s 左右时，流量 Q 突然增加至 3000 mL/min 左右，此时迅速关闭气源，注气压力 P 开始降低至 0 MPa，瞬时采样速率 Q 也随之减小至 0，采样完成。

当打开球阀 K_3 和 K_4 时，液面高度 H 开始下降，此时为进样阶段，模拟井筒内的水开始缓慢地进入 U 形管采样器内，液面高度 H 的降低速率随着时间慢慢减小，说明进水速率随着时间也慢慢减小。在整个进样过程中，模拟井筒内的流体液面缓慢降低，说明 U 形管采样器在采样过程中对周围环境影响较小，所取水样能较精确地代表所在地层地下水的实际情况。

此外，通过分析瞬时采样速率随时间变化规律的曲线，可以发现在采样阶段前期和后期均存在两个高峰，结合实验现象，可以发现在这两个高峰期间通过采样管取出的水内存在大量气泡。采样初期，随着气泡的减少，瞬时采样速率开始稳定并缓慢增加。在采样后期，管路内的气泡逐渐增多，瞬时采样速率迅速增加。为了便于阐述，将瞬时采样速率开始稳定至迅速增大之间的时间段定义为该次采样过程的采样时间 T。

为了保护液体流量计，在采样结束后需要迅速关闭气源。通过比较各个特征点的时间发生顺序，可以发现当且仅当管路内的气体压力为 0 时，模拟井筒内的流体才开始进入管路及储流容器内，这证明了 U 形管采样器的被动采样工作原理，说明该采样方式对井筒环境的干扰小，因此具有较高的采样精度。

4.4.2　地下水分层采样量试验测试

为了测试装置的性能，同时提升数据的可靠性，测试过程中开展了两次重复性试验。图 4-11 为不同液面高度下 U 形管采样量变化规律的两次试验结果。V_1 和 V_2 分别为第一次和第二次的采样量测量结果，δ 为两次采样量的差值与平均值的百分比，计算公式为

$$\delta = \frac{2(V_1 - V_2)}{V_1 + V_2} \times 100\% \tag{4-1}$$

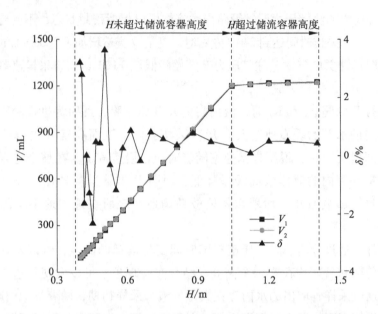

图 4-11 地下水分层采样量及采样间隔误差随地下水液面高度的变化规律

由图 4-11 可知，两次试验得到的采样量基本一致，误差 δ 在 4% 以内。U 形管采样量随着液面高度 H 的增加而增加，整个曲线可分为液面高度 H 未超过储流容器高度和液面高度 H 超过储流容器高度两种情况。当液面高度 H 未超过储流容器高度时（见图 4-11），采样量随液面高度 H 的增加呈线性增加的趋势，但最大误差发生在较低液面高度 H 处，随着液面高度 H 及采样量的增加，误差量逐渐减小至 1% 以内。而当液面高度 H 超过储流容器高度时，采样量变化很小，基本维持在 1210 mL 左右，且两次采样量误差小于 0.5%，重复性较高。

采样量是地下水采样器最重要的参数之一。气驱式采样器的单次流体采样量为储存在系统管路内的流体量，因此单次采样量的大小主要取决于系统管路及储流容器的容量。注气管路和采样管路的半径 r 均为 0.20 cm，储流容器的半径 R 为 2.36 cm，远大于注气管路和采样管路的半径。当液面高度 H 未超过储流容器高度时，由于储流容器半径大，液面高度的变化就会引起采样量较大的变化。而当液面高度 H 超过储流容器高度时，液面高度 H 的变化只会引起管路内的液面高度变化，由于管路直径较小，因此采样量随液面高度 H 的变化而变化较小，采样量较稳定。

由于地下水 U 形管分层采样器均是规则的管路及容器，因此可以根据管路及储流容器的体积计算出不同液面高度下的理论采样量。值得注意的是，由于管路半径与储流容器半径的差异较大，液面高度与储流容器的相互位置就决定了在进行采样量计算时需分成两种情况：液面高度 H 超过储流容器高度及液面高度 H 未超过储流容器高度。计算公式如下：

$$V_c = V_a + V_b \tag{4-2}$$

$$V_a = \begin{cases} \pi r^2 [2(H-A) - 2g - L + t], & H \text{ 超过储流容器高度} \\ \pi r^2 (H - A - g + t + h), & H \text{ 未超过储流容器高度} \end{cases} \tag{4-3}$$

$$V_b = \begin{cases} \pi R^2 L, & H \text{ 超过储流容器高度} \\ \pi R^2 (H - A - g - h), & H \text{ 未超过储流容器高度} \end{cases} \tag{4-4}$$

式中：V_c 为理论计算的流体体积；V_a 为管路内的流体体积；V_b 为储流容器内的流体体积；r 为管路半径；R 为储流容器半径；H 为液位计测得的液面高度；A 为 U 形管采样器渗析组件至三通之间的高度，$A = 21$ cm；g 为液面差，如图 4-12 所示，取决于渗析组件内的单向阀的启动压力；L 为储流容器的有效高度；t 为水平管路的总长度，$t = 7$ cm；h 为储流容器的堵头长度，$h = 8$ cm。

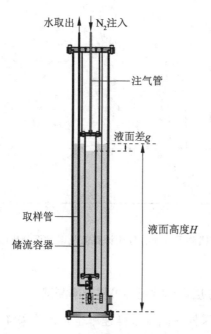

图 4-12　地下水 U 形管分层采样器井筒内示意图

根据采样量计算公式可知，当液面高度超过储流容器高度时，采样量随液面高度线性增加的斜率为 $2\pi r^2$，即管路的横截面积的两倍。当液面高度未超过储流容器高度时，采样量随液面高度线性增加的斜率为 $\pi(R^2 + r^2)$，即储流容器及管路的横截面积之和。由于储流容器的半径远大于管路的半径，因此当液面高度超过储流容器高度时，采样量的变化可忽略不计。

图 4-13 所示为采样器在不同液面高度下的实测平均值、理论计算值及实测值与计算值之间的误差百分比。实测平均值 V_{avg} 为两次采样量 V_1 和 V_2 的平均值，如式（4-5）所示。误差百分比为实测平均值和计算值的差值与实测平均值之比，如式（4-6）所示。

$$V_{avg} = \frac{V_1 + V_2}{2} \tag{4-5}$$

$$\frac{\Delta V}{V_{avg}} = \frac{V_{avg} - V_c}{V_{avg}} \tag{4-6}$$

从图 4-13 中可知，实际采样量与理论计算量基本一致。在液面高度较低时，实际测量值与计算值之间的误差较大，最大误差为 6.6%。随着液面高度增加，误差逐渐变小，特别是当液面高度超过储流容器高度时，误差小于 1%。

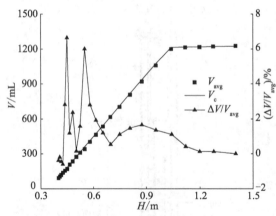

图 4-13 地下水采样量实测平均值、理论计算值及误差百分比随液面高度的变化规律

4.4.3 地下水分层采样时间与采样效率测试

除了采样量外，采样时间及采样速率也是评价采样器性能的重要参数。采样时间 T 的定义是瞬时采样速率开始稳定至迅速增大时的时间段（见图 4-14），平均采样速率 $\overline{Q}$ 可通过采样量及采样时间计算得到，如式（4-7）所示。

$$\bar{Q} = V/T \tag{4-7}$$

图 4-14 所示为两次重复性试验测得的采样时间及平均采样速率随液面高度的变化规律。与采样量变化规律相似，当液面高度未超过储流容器高度时，采样时间及平均采样速率均随液面高度的增加而增加。当液面高度超过储流容器的高度时，采样时间的变化量较小，平均采样速率仍然随着液面高度的增加而增加。

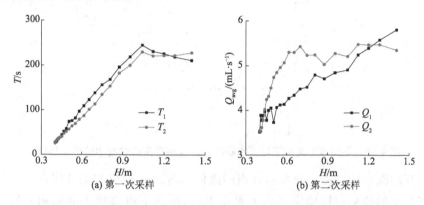

(a) 第一次采样 (b) 第二次采样

图 4-14 地下水采样时间及平均采样速率随液面高度的变化规律

为了进一步分析采样过程中采样速率的变化规律，图 4-15 对比了第一次采样（见图 4-15a）与第二次采样（见图 4-15b）瞬时采样速率在不同液面高度下的变化规律。

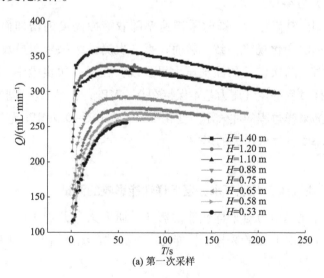

(a) 第一次采样

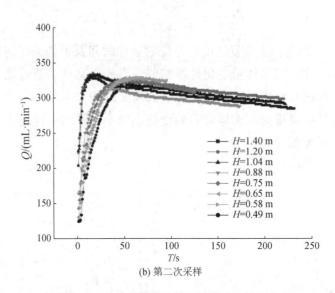

(b) 第二次采样

图 4-15　不同液面高度下地下水瞬时采样速率在采样过程中的变化规律

在两次采样过程中，采样管内的流体瞬时采样速率均呈现出先增大后缓慢减小的趋势，说明管路内的水在 N_2 的驱动下克服重力的影响开始排出，并逐渐达到高峰。一旦管路内的流体形成通路，由于虹吸效应的影响，取水管内的流体速率就会开始慢慢下降。当管路内的流体即将被驱替结束时，驱出的流体逐渐变为气液混合物，随着气体含量变多，瞬时采样速率突然增加（见图 4-15）。

第一次测试结果显示，瞬时采样速率随着液面高度的增加而增加，与平均采样速率的变化规律一致。然而，第二次测试结果未明显表现出类似规律。通过对比两次实验的注气压力可发现：在第一次实验中，不同液面高度下的采样过程的注气压力基本保持在 0.5 MPa；在第二次实验中，不同液面高度下的采样过程的注气压力变化不一，在 0.5~0.7 MPa 范围内波动，说明采样速率受到注气压力的影响。

4.4.4　注气压力对地下水分层采样性能影响的测试

为了研究注气压力对采样性能的影响，研究人员开展了同一液面高度下不同注气压力对 U 形管采样器性能的影响测试，测试结果如图 4-16 所示。

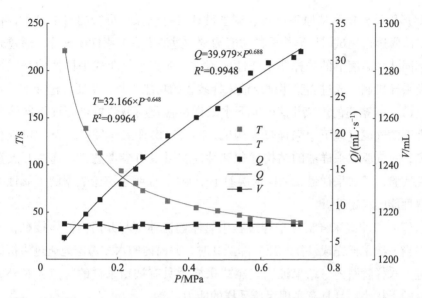

图 4-16　地下水分层采样时间、采样量及平均采样速率随注气压力的变化规律

当液面高度 H 维持在 1.278 m 时，随着注气压力从 0.05 MPa 增加至 0.7 MPa，采样量一直维持在 1215 mL，但采样时间随注气压力的增加显著下降，因此平均采样速率随注气压力的增加而增加。通过拟合采样时间及采样速率的实测数据，可以发现采样时间及采样速率与注气压力呈现幂函数的关系，如式（4-8）及式（4-9）所示。

$$T = 32.166 \times P^{-0.648} \tag{4-8}$$

$$Q = 39.979 \times P^{0.688} \tag{4-9}$$

两个曲线拟合的相关系数均在 99% 以上，拟合效果较好，说明 U 形管采样器的采样时间及采样速率主要受注气压力的影响，而采样量与注气压力无关，主要取决于液面高度的大小。

4.5　本章小结

本章提供了一种弱扰动原位地下水分层采样监测设备的具体连接和加工方式，并通过最小化可行性验证、室内微缩模型测试等进一步优化了系统参数，验证了该技术的可行性。

地下水分层采样监测技术最小化可行性验证的目标在于验证概念设计构想并反馈优化，对各功能区域逐步测试并得到实际技术参数，并简要阐述 U 形管采样技术从原理可行、概念设计可行到操作可行的研发过程，包括单向阀遴选测试、U 形管采样功能测试、过滤方案探索性测试等。通过开展不同液面高度下的采样器采样性能测试，探究了气驱式采样器的采样过程及采样机制。通过实验测试反馈采样装置的功能参数，主要结论如下：

（1）所搭建的模拟井筒内地下水采样可视化模型装置可开展不同液面高度下的气驱式地下水采样过程测试，同时可实现采样过程的 360°可视化观测，对气驱式采样器的结构优化和性能提升具有参考意义。通过开展重复性实验，两次采样最大采样量误差小于 4%，证明了实验数据的可靠性及装置性能的稳定性。

（2）气驱式采样器在采样过程中管路内流体不与井筒内流体接触，当且仅当一次采样完成及注气压力降至 0 时，井筒内的水才稳定地通过渗析组件进入采样管路内。结果证明气驱式采样器具有被动采样的特点，对外界环境的干扰小，且具有实现保压采样的能力。

（3）采样量的大小主要取决于井筒内的液面高度。根据测量的液面高度与储流容器的相互位置，可精确计算出采样量的大小。当液面高度未超过储流容器高度时，采样量与液面高度呈线性关系；当液面高度超过储流容器高度时，采样量增加幅度小，可基本维持稳定。实验结果发现，不同液面高度下的实际采样量与理论计算量基本一致，最大误差小于 6.6%；误差随着液面高度的增加而降低。因此，气驱式采样器可根据采样器一次采样量的大小推算出地下水位的大小，在获得地下水样品的同时也为地下水资源调查提供了可行性方案。

（4）采样时间与采样速率的大小主要取决于注气压力。通过开展不同注气压力下的采样性能测试，可以发现采样时间与平均采样速率与注气压力呈幂函数关系，拟合的相关系数大于 99%。

第 5 章

基于钻孔的地下水环境分层采样监测方法
与污染溯源解析研究

本章首先介绍在国内外地下水分层采样监测相关的规范标准的要求下，地下水分层采样监测的布设方法、场地表征和操作流程。其次，简述地下水分层采样监测方法在地下水化学分层分带特征、地下水环境垂直结构分层解析方法等地下水污染溯源解析研究中的支撑作用。

5.1 地下水分层采样监测方法

5.1.1 地下水分层监测相关规范

针对地下水监测技术，美国环保局于 1986 年编制了 *RCRA Groundwater Monitoring：Draft Technical Guidance*（《污染场地周边地下水调查评估技术方法导则》），详细阐述了地下水调查评估流程与注意事项，为各种参数的测定提供了不同的技术方法。另外，新英格兰政府于 2003 年发布了 *Standard Operation Procedure for Groundwater Sampling*（《地下水采样的标准操作方法》）。

针对水环境政策领域，欧盟于 2000 年制定了第 2000/60/EC 号指令，给出了地下水常规水质水量监测、污染物监测和基于风险评估的监测的要求。英国在 ISO 体系框架内出台了 *Water Quality Sampling*（《水质采样规范》），给出污染场地地下水采样从布点、样品运输到分析的全过程操作规范。

加拿大发布了 *Guidance Manual on Sampling，Analysis and Data Management for Contaminated Sites*（《污染场地采样、分析、数据管理技术导则》），介绍了地下水样采集方法及整个监测过程的注意事项。

澳大利亚于 1998 年发布了 *Water Quality-Sampling-Guidance on Sampling of Groundwaters*（AS 5667. 11）（《地下水采样技术导则》）；2009 年发布了

Groundwater Sampling and Analysis-AField Guide（《地下水现场采样与分析技术导则》），针对点源、非点源污染对地下水的潜在影响调查规定了调查方法和频次；2011 年发布了 *Assessment of Site Contamination*（《场地污染评估规范》），为地下水监测提供了现场快速测定与实验室分析相结合的监测技术体系。

中国台湾 2000 年公布了"土壤及地下水污染整治法"，随后发布《地下水水质监测井设置规范》、《土壤采样方法》（NIEA S102.61B）、《监测井地下水采样方法》（NIEA W103.54B）等系列规范文件。从 2002 年开始开展地下水潜在污染源调查，在监测技术方面借鉴美国经验，指导污染的潜势分析、范围划定及扩散趋势的判别。中国香港环境保护署于 2011 年发布了《受污染土地勘察及整治实务指南》。

中国生态环境部（原环保部）发布了《地下水环境监测技术规范》（HJ 164—2020），中国地质调查局发布了《地下水污染地质调查评价规范》（DD 2008—01），水利部发布了《地下水监测规范》（SL 183—2005）、《水环境监测规范》（SL 219—2013）等。其适用范围与侧重内容见表 5-1。

表 5-1　国内地下水监测相关规范的比较

项目	关注目标	地下水监测重点	监测布点方法	目标区域或污染源
《地下水环境监测技术规范》（HJ 164—2020）	地下水的供水功能	以供水为目的的含水层；水质	网格布点，重点区域加密，首先考虑污染源分布与扩散	以地下水为饮用水源的区域，包括生活污染、工业污染、农业污染及饮水型地方病特征物质
《水环境监测规范》（SL 219—2013）	区域整体的水环境，包括地下水、地表水、大气降水等	开采层为主，兼顾深层和自流地下水；水质	采取网格法或放射法	包括地下水、地表水、大气降水，与现有地下水水位观测井网相结合
《地下水监测规范》（SL 183—2005）	地下水动态特征	浅层地下水、水位、水量	网格布点，重点区域加密	水利建设，含水位井
《地下水污染地质调查评价规范》（DD 2008—01）	地下水水质评价，侧重有机污染物	浅层地下水及用于供水目的的承压水层；水质	结合污染源分布特征设监测点位，采用平均布点法，重点区域加密	针对地下水污染物的专门性监测规范，工农业生产等导致的地下水污染特征物质

2015 年国务院发布《水污染防治行动计划》（简称"水十条"）；2018 年通过《中华人民共和国土壤污染防治法》；2019 年发布《地下水污染防治实施方案》和《污染地块地下水修复和风险管控技术导则》（HJ 25.6—2019）；2020 年发布《地下水环境监测技术规范》（HJ 164—2020）和《生态环境损害鉴定评估技术指南 环境要素 第 1 部分：土壤和地下水》（GB/T 39792.1—2020）；2021 年发布《地下水管理条例》。这说明针对土壤与地下水污染的调查、修复、监控的法律体系在快速完善。其中，防治地下水污染部分要求：定期评估集中式地下水型饮用水水源补给区等区域的环境状况；石化生产存贮销售企业和工业园区、矿山开采区、垃圾填埋场等区域应进行必要防渗处理；加油站地下油罐更新为双层罐或完成防渗池设置；报废矿井、钻井、取水井实施封井回填；公布环境风险大、严重影响公众健康的地下水污染场地清单，开展修复试点。

5.1.2　地下水分层监测布点方法与场地表征

在地下水监测网络设计与实施过程中，通常要考虑基础地质条件、地下水动力学特征、污染源分布特征、含水层脆弱性、已有监测井位置分布、监测点位可操作性、实际运行维护条件等因素。地下水监测网的设计方法主要分三类：① 基于地下水脆弱性、污染源分布及 GIS 图层的统计布点法；② 基于 Kriging 空间插值的数值模拟布点法；③ 以神经网络机器学习为代表的模拟-优化布点法。结合区域水文地质情况，地下水环境监测网布点原则上要尽可能减少监测井的数量，尽可能提高监测到主要污染源的可能性，尽可能控制监测成本。

区别于常规地下水监测网布点方法，基于地下水分层监测井技术构建地下水环境三维分层监测网需配套开展三维分层布点方法研究。也就是说，在已有地下水观测井、地下水位监测井的基础上，构建三维分层监测网需要回答下列问题：在何处重点部署地下水环境分层监测井？各分层监测井拟分层层数及目标深度位置如何确定？各分层监测井的水质多参数指标如何设定？为了回答上述问题，本章基于地下水流场分析与污染源分布，拟采用 GIS 图层统计布点法及多标准分析（multicriteria analysis，MCA）方法对地下水环境监测网点进行优化布设，个别站点三维分层布点选用 ELECTRE Tri 多属性决策方法。

作为项目场地监测过程中的基础环节，监测点位的布设非常重要。从监测井采集的水样只代表含水层平行和垂直的局部水质，要想通过最少的监测点来搜集最大空间范围内具有代表性的数据，监测点的布设就需要收集场地水文地质资料，确定地下水监测点网密度、监测点布设区域与设置方法，如背景值监测井的布设、污染控制监测井的布设、区域内代表性地下水径流或排泄口的布设、沿地下水流向设置监测线。其中，《地下水环境监测技术规范》（HJ 164—2020）中规定了监测点的布设原则：

（1）监测点总体上能反映监测区域内的地下水环境质量状况。

（2）监测点不宜变动，尽可能保持地下水监测数据的连续性。

（3）综合考虑监测井成井方法、当前科技发展和监测技术水平等因素，考虑实际采样可能性，使地下水监测点布设切实可行。

（4）定期（如每 5 年）对地下水监测网的运行状况进行一次调查评价，根据最新情况对地下水质监测网进行优化调整。

《一般工业固体废物贮存和填埋污染控制标准》（GB 18599—2020）中关于地下水监控有如下要求：在地下水流场上游应布置 1 个监测井，在下游至少应布设 1 个监测井；在可能出现污染扩散区域至少应布设 1 个监测井。

针对潜在污染或泄漏的地下环境监测，其监测点网布设范围一般包括对照区（监测背景值，远离污染源中心及其扩散范围）、高污染加密区（污染重点监视区）、低污染潜势区（场地表征作用、追溯污染扩散路径与浓度梯度分布、确定污染边界）。按场地及地下环境监测目的（场地表征和污染情况表征）不同，监测点网布设原则亦分两种情况说明：对照区、低污染潜势区参照场地表征布点原则；高污染加密区参照污染情况表征布点原则。

从场地表征目的出发，监测点网布设应覆盖或代表整个场地区域，布点范围尽量包括各相对独立的水文地质单元、地下水系水力联系处（如地下水补给源、排泄口）、不同深度含水层、场地边界等。根据地区特点及地下水的主要类型，把地下水分为若干个水文地质单元。对上述单个水文地质单元，需要用尽量少的监测点网表征，分布范围广且均匀分布时，监测点网密度较小，常用的监测布点方法有网格式布点、对角线式布点、随机布点、梅花形布点、阿基米德螺旋线布点等。重点保护区（如供水目的的含水层、潜在资源开采层、地下工程区域）的监测密度可酌情加大。另外，沿评价区域地下水流向布设监测线，上游设置背景浓度参照井，下游设置控制井。场地表征依据的水文地质资料包括：地质图、剖面图、已有钻井资料；与区域地下水补给关联的地表水地理分布、水文特征、利用情况及其水质状况；地下含水层分布，地下水补给、径流和排泄方向；地下水类型和利用情况；区域规划与发展、资源开发和土地利用情况。

　　从污染情况表征目的出发，污染源的地下分布和扩散形式是布点的首要考虑因素，可根据场地地下水的流向、水力坡降、含水层埋深等水文地质资料，以及污染源分布状况和污染物迁移扩散形式，结合场地具体情况，采用点面结合的方法布设污染控制监测井。

　　条带状污染扩散时，监测井沿地下水流向布设，以平行及垂直的监测线进行控制；点状污染扩散时，采用十字形或放射状布设，如固废堆积区污染物、地下漏斗区；带状污染扩散时，采用网格布点法设置垂直于该带状的监测线，如工业废水、生活污水渗漏或沿河渠排放；大面积块状污染时，以平行和垂直于地下水流向的方式布设监测点；污染范围较大时，监测线应适当延长，如透水性好的强扩散区、年限已久的老污染源。

　　污染源在地下水中扩散及迁移的路径是三维的，污染边界的确定亦需要明确地层深度。因此，除上述平面布点外，还要考虑垂向布点。与平面布点不同的是，垂向布点更注重所在区域潜水面的埋深。垂向监测应包括场地范围受影响的所有含水层，并对重污染层位实施 2~3 层的分层监测，以获得污染物在地下水中的垂向迁移路径与影响程度；垂向布点的最大深度根据现场污染源扩散条件和水文地质情况来确定，对重污染区域进行密集设置时，建议垂向布点的间距为 2~4 m。地下水分层采样监测点网布设方法如图 5-1 所示。

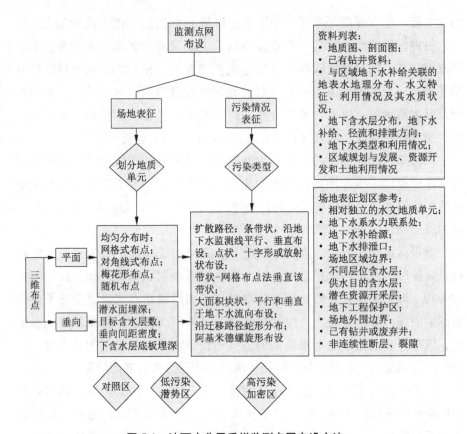

图 5-1　地下水分层采样监测点网布设方法

本小节分别从场地表征和污染情况表征两个角度给出了监测点网平面布设原则，场地表征考虑地下水水力联系点、地下水流向沿线、监测边界、断层等因素，划分独立水文地质单元，均匀分布通常采用网格式布点、对角线式布点、梅花形布点、随机布点等方式。污染情况表征场地重点考虑污染分布及扩散路径。除平面布点外，垂向布点关注潜水面埋深，原则上包括各独立含水层及目标区域垂直间距 2~4 m 的密集监测。

5.1.3　地下水分层采样监测流程方法

地下环境监测一般围绕场地特征或高污染加密区，明确现场监测目的与规范要求，考虑污染羽的空间分布情况，在现场进行监测点网布设、监测井定制设计、规范化采样、样品运输与质量控制、现场原位测试与实验室精细分析等。

合适的监测频率需要精确监测以反映地下水的趋势，刻画污染羽在含水层中随时间的变化状况。监测目的不同，采样频率也不同：对于地下缓慢流动的潜水层，建议监测频率为半年一次；对于地下水流速快的潜水层，建议为每季度一次；对于污染物迁移与扩散的潜水层，监测频率不低于每月一次。

场地监测点网布设完成后，按照需求设计不同采样层数、采样深度的监测井。

在监测井的材质选择上，浅部地层采用成本较低的塑料（PVC）材质；当地下埋深超过 200 m 时，采用能适应地下潮湿环境的 316L 不锈钢材质。

依据监测目的、所处含水层类型及其埋深和相对厚度来确定监测井深度，超过地下水埋深以下 2 m，一般不超过所关注的地下含水层的底板。采样层数根据目标区域垂向间距、含水层厚度、独立含水层数目确定。

除上述采样层数和深度外，部分参数需要根据场地条件来确定。例如，过滤方案要参考场地采样层位的土颗粒粒径分布；单次采样量由装置井下储流装置的额定容积及井筒进样段的长度来确定；钻井方式和洗井工艺须依据监测目的与场地工程地质条件谨慎选择；封隔器设定深度须依据地下水文资料和工程需求确定。

地下水监测目的层与其他含水层之间要有良好的止水性。不同含水层及采样层之间要进行层间封隔处理，以切断地下水垂向的水力联系。封隔器包括机械式封隔器、液压式封隔器、自膨胀式封隔器、膨润土封隔措施、化学注浆封隔装置等，需要依据埋深、设计成本与精度要求选型。

监测井需要设置井头、标牌、井口防渗处理等措施。采样装置井口高出地面 0.5 m，采样装置外部浇筑的混凝土井台高出地面 1 m。井台配备硬塑 PVC 材质控制面板并现浇为整体结构。封闭井台的井盖为预制混凝土件，井台侧面配金属铭牌永久标记相关信息，包括建造方、所有方、建造日期、井号、责任人等。

监测井钻井成孔可采用空心钻杆螺纹钻、直接旋转钻、直接空气旋转钻、钢丝绳套管直接旋转钻、双壁反循环钻等。泥浆护壁应避免采用外来的水及流体，同时需在井口处做防渗处理。成孔后必须进行洗井，污染物或钻井产生的岩层破坏及来自天然岩层的细小颗粒都必须去除，以保证出流的地下水中没有颗粒。常见方法包括超量抽水、反冲、汲取、气洗等。

地下水分层监测井成孔时，井管外径一般为 75~90 mm，钻井要求如下：① 钻头直径范围为 86~150 mm。② 优先选择具备取芯功能的直推式转进、回转钻进或高频声波钻进。采用旋转钻时必须严格进行洗井，去除细小颗粒；对于易塌孔或侧向变性的地质条件，需考虑进行泥浆护壁或加设套管。③ 钻进至指定深度成孔后进行洗井。

选择合适的钻井工艺成孔后，下一步进行地下水分层监测井的下井安装。操作步骤如下：

（1）按定制设计要求，现场分段组装地下水 U 形管分层采样装置。

（2）选择合适的钻井工艺成孔，并对钻孔进行洗井清淤。

（3）监测装置下井前，对现场组装完成的地下水分层采样装置进行整体功能性测试。逐段排查检验，保证下井各功能正常。下井前整体功能性测试可以发现的问题包括：软管位置连接错误、软管严重弯折堵塞、各元件接头出厂前存在实质性缺陷、软管与接头之前的卡套连接不稳定等。多处现场项目应用的经验表明，监测装置在地面顺利通过功能性测试，安装至钻孔中一般能顺利采样。

（4）将监测装置分段逐步下井，至指定深度后迅速进行回填稳定。

（5）监测装置顺利下井后，进行地面操作激活封隔器。

（6）监测装置安装完成，对地下水 U 形管分层采样装置的各层位进行清水洗井与功能调试，排出渗入采样器井管内的钻井液或泥浆，缓解管路淤堵，避免单向阀等核心部件失效。值得指出的是，进行清水洗井操作时井口注入的清水因为单向阀的逆止作用不会进入地层，因此不会对后续采样造成污染。

5.2　地下水污染溯源解析方法

本节基于自主研发的地下水环境垂直结构分层探测技术与设备，结合污染场地环境调查与修复实际需求，以期通过一个钻孔探测获取地层垂直结构多个不同深度的环境水文地质参数，并根据技术研发与应用效果拟构建配套的地下水环境垂直结构分层解析方法。主要内容包括：① 研究地下水水化学特性在地层垂直空间呈分层特征的规律模式，溯源识别地下水中的人为活动污染影响与地质背景成因。② 开展室内模型试验，研究地下水特征元素在地层垂直空间分布的主控因素及分层聚类特征。在控制条件下，揭示影响地下水特征元素在不同地层条件下空间分布的聚类特征，重点识别污染物由上至下入渗地层时的地下水环境垂直分层特性及浓度梯度变化特征。③ 基于分层探测提取的地层信息数据，配套构建地下水环境垂直分层解析方法。

5.2.1　地下水化学分层分带规律研究

地下水化学场的形成主要受地下水循环条件、含水层介质、古气候条件及现代气候条件的影响，而人类活动已成为一种不可忽略的地质营力给地下水施加污染负荷，参与地下水水质的演化，影响地下水化学场。研究地下水化学场规律时，常运用环境同位素和水化学成分等揭示流域地下水循环特征。

地下水化学场在地层垂直空间呈现普遍的分层分带特征。诸多研究表明，地下水化学场呈现出垂直分层性、平面分带分区性。尽管诸多研究均揭示了地下水化学场的分层分带规律，但大多数为传统的定性分析，只能反映水化学场的二维平面分布规律，尚不能定量反映地下水化学场的垂向变化规律，主要原因是缺乏丰富的地下水垂向分层实测数据，缺少分层探测的新技术与新设备。传统研究较多反映地下水水质的二维平面分布规律，无法较好地刻画地下水化学特性垂向分层变化的规律模式，构建沿地层垂直结构的真三维水化学场的相关报道很少。陈荣彦利用含水层孔隙水离子质量浓度的二维平面等值线图表现水化学场的空间分布特征。而地下水各离子的质量浓度和 TDS 的垂向空间分布及地下水化学场的分布规律对溯源判别、污染扩散预测和地下水污染防治等工程实践均具有重要意义。地下水化学场分层特征的精细刻画有利于地下水污染溯源解析。地下水污染具有极强的隐蔽性，治理地下水污染的先决条件和必要基础是确定地下水污染源的位置及其排放历史。地下水污染溯源又称地下水污染源解析、地下水污染源识别，指通过地下水中污染物浓度时空分布观测数据，反演污染源排放位置及污染物迁移转化的时间序列，主要包括追溯污染物排放历史、确定污染源位置和估计污染物排放量。

地下水污染源解析是地下水科学的研究难点与热点，其难点之一在于克服反问题解的不适定性，本质上是在对流−弥散方程的其他项已知的情况下，对反求源项的偏微分方程组求解，与参数识别、边界条件识别及初始条件识别同为数值模拟反问题。尽管采用模型法、实测法、地质统计学方法等进行了大量基于基本原理的研究，其中模型法根据地下水中实测污染物浓度通过数据模型反求了污染源时间及空间分布，但由于缺乏观测数据、地下水动力学参数和地下水化学场数据，一定程度上制约了污染溯源效果。地下水污染源解析的难点之二在于缺乏高分辨率地下水化学场数据，缺乏新技术与新方法支撑。设置地下水环境分层探测的钻孔数与分层层数，目的是尽可能准确丰富地反映地层污染物的浓度水平及分布。实测法采用氮、氧、碳等同位素作为示踪剂，基于化学质量平衡和多元统计分析测算示踪剂的时空分布，进而推算污染物来源。统计法建立在水质监测数据的基础上，依靠图论、相关性分析、灰色关联分析法、模糊数学法、主成分分析法，结合 GIS 图像识别污染源等对污染物进行分析。诸多相关研究虽然可以表征和识别污染指标的污染来源，但分析维度较为单一，未能体现指标间的关联性，不能很好地反映污染物的空间分布和来源特征。

地下水化学场数据的分层解析方法亦有待进一步研究。聚类分析又称点群分析，其基本思想是根据所研究样品或指标间存在程度不同的相似性，通过样品间距离衡量亲疏关系，把相似程度较大的指标聚合为一类。Q 型聚类分析方法的构建思路如下：首先对水样各变量数据进行 Z-Score 标准化处理，其次利用欧几里得距离定义各水样之间的距离，最后利用多元统计分析软件 SPSS 对水样进行归类归因分析，从而得到谱系图。

地下水化学场在地层垂直空间呈现普遍的分层分带特征，其精细刻画有利于地下水污染溯源解析，而目前研究难点主要在于缺乏高分辨率地下水化学场数据，缺乏新技术与新方法支撑，缺乏地下水化学场数据的分层解析方法。换言之，前人由于技术局限未能获取高精度分层的地下水化学数据，并没有对地下水化学场分层分带特征规律进行定量深入研究，进而导致地下水污染溯源解析等科学问题未能较好地解决。

5.2.2　国际地下水环境分层采样监测技术发展动态及应用案例

地下水环境分层探测技术方法体系及配套数据解析方法的国际发展动态由美国和加拿大引领。加拿大滑铁卢大学和圭尔夫大学、美国斯坦福大学、Solinst 公司过去 30 多年逐步发展、完善、成熟，并将成套技术设备与方法体系应用于一系列不同类型的污染场地调查工作中。

2011 年，加拿大圭尔夫大学应用地下水科学中心的 Beth Parker 和 John Cherry 教授通过场地调查探测数据、岩心表征、钻孔分层探测、监测井网、数值模拟推演及场地概念模型构建等多种手段，针对污染场地构建了较为完整的地下水环境分层探测技术方法体系。具体内容包括：

（1）钻进成孔，土壤和地下水原位弱扰动采样，岩芯分析（物性参数、孔隙结构、地球化学特征等）。

（2）对井孔孔壁线性封隔止水，开展地层导水系数原位测试。

（3）对井孔孔壁线性封隔止水，消除孔内串流。开展分布式原位测试，获取井孔的高精度温度剖面图，从而识别地层裂隙位置及优势导水通道。

（4）开展地球物理测井获取地层信息，如岩石物性，裂隙特征等。

（5）基于封隔器开展原位水力学试验。

（6）部署地下水分层探测井，获取高精度分布式地下水头数据和地下水化学数据。

（7）多元数据融合与关联分析。

（8）建立数值模型。

（9）构建长期的地下水环境三维分层监测网络。

该成套技术方法框架不仅为区域地下水环境分层监测监控系统的建立提供了科学指导，还为后续污染场地表征、地下水环境风险评估、场地修复等工作提供了持续有效的理论与技术方法支撑。

国际地下水环境分层监测技术的典型应用案例如表 5-2 所示，以诺顿空军基地污染场地为例详细介绍地下水环境分层探测技术方法实施过程。诺顿空军基地地质条件主要为第四系冲积物，是 Bunker Hill 地下水流系统的一部分，主要包括三层含水层。诺顿空军基地曾于 1942 年起作为美国军用飞机维修中心，在发动机维修保养、飞机检修等过程中泄漏了大量的污染物（包括 TCE、TCA、TCB 等），于 1994 年关停。该基地自 1982 年开始实施场地调查修复工程，识别超过 20 处潜在污染区域，其中 TCE 污染羽已在地下迁移扩散近 800 m，严重威胁附近 Santa Ma 河下游居民的用水安全。第一期污染场地调查修复实施了 7 眼丛式地下水监测井，为获取 TCE 等污染羽的高精度时空分布和地下迁移特征，第二期实施了 8 眼 Waterloo 地下水分层探测井（深 120~200 m）。地下水环境分层探测技术的应用节省了大量的

表 5-2　国际地下水分层探测技术方法体系典型应用案例

案例	位置地点	岩性特征	原生污染物	污染物排放时间	地下水位/m	最深污染物深度/m	第四系覆盖厚度/m	分层监测井数量	污染成因
1	美国加利福尼亚	砂岩页岩，地层产状30°	TCE,少量TCA	1950—1960年	<15~100	>350	0~5	8	工程测试与研发；来自多个不同污染源
2	美国威斯康星	砂岩夹少量泥岩，白云岩,地层平缓	PCE、TCE、酮类	1950—1960年	0~25	<60	5~40		溶剂回收；DNAPL残留物
3	美国新泽西	泥岩，5~15°	PCE、TCE、PCBs	污染物排放时间不详	<3	>120	0.1~5	34	制造业；汽车工业与电子业；DNAPL残留物
4	美国纽约	页岩,50°	PCE、TCE	污染物排放时间可能为1950—1960年	<6	>50	3~6	9	制造业与军工产业；DNAPL残留物
5	美国纽约	粉砂岩夹少量砂岩页岩	TCE、石油烃	1950—1970年	<2~7	<6	<2		制造业与实验室的化学废弃物
6	加拿大安大略省	白云岩含水层上覆页岩隔水层，平缓	异丙甲草胺、TCE,少量PCE	1978—1990年	20	150	25~40	10	农业化学用品
7	加拿大安大略省	白云岩含水层上覆页岩隔水层，平缓	TCE,少量PCE	1990年	3~5	>100	3~6	5	制造业与汽车工业
8	加拿大安大略省	白云岩含水层上覆页岩隔水层，平缓	PCE	1950—1970年	3~5	>30	3~6	10	干洗业与纺织业
9	加拿大安大略省	砂砾石层；黏土层	甲烷	2010年	N/A	>30	10~30	32	场地试验
10	澳大利亚托卢卡	第四系砂砾石、黏土、火山岩,岩浆岩	多种污染物	早于1968年	N/A	>500	30~450	62	工业生产、生活用水、农业等

场调成本和工程实施时间。例如，一眼六层深 180 m 的 Waterloo 地下水分层探测井相当于传统丛式井钻孔进尺的 660 m，对于诺顿空军基地的污染场地调查监测，共设计 39 层的八眼 Waterloo 地下水分层探测井，等效于传统丛式井技术钻孔进尺 4200 m。

20 世纪 60 年代中期以来，欧美国家对土壤及地下水采样钻进设备及其配套检测、采样工具的研制与应用日趋成熟，推出了一系列国际领先水平的场地调查采样设备，这些设备可获取高取芯率、高保真度的土壤及地下水样品。例如，美国 Kejr 公司的 Geoprobe 7822DT、AMS 公司的 Powerprobe 9410VTR，适用于常规地层原位低扰动采样；美国 Boart Longyear 公司的 LSTM 250 MiniSonic、荷兰 Eijkelkamp SonicSampDrill 公司的 SRS-PL，适用于松软（散）和坚硬地层低扰动高保真采样。上述国外采样设备虽然性能优越，但是价格昂贵，且不能完全满足我国不同地域复杂地质条件下的采样需求。与国外的成熟采样技术和设备相比，国内相关领域的研发滞后。国内污染场地调查采样设备仍以地质勘探钻机为主，存在样品连续性与密封性差、松软（散）地层样品压缩比大和坚硬地层采样难度大、采样量少等关键技术问题，不能满足污染场地调查的原位弱扰动采样需求。

根据我国《土壤污染防治行动计划》的要求，必须开展重点行业企业用地土壤污染状况调查，以摸清我国污染地块底数；根据原环保部第 42 号令和《土壤污染防治法》的要求，建设用地地块再开发利用必须进行场地环境调查；场地调查作为场地修复的第一步，采样精度和准确度决定了修复的成本和效果。上述法规和行政命令将催生巨大的污染场地采样市场及设备需求。综上，本项目研制的污染场地土壤及地下水原位弱扰动采样一体化设备在国内具有广阔的市场应用前景。

5.2.3　地下水环境垂直结构分层解析方法构建

本项目基于地层垂直结构—孔多层地层信息分层提取新技术与新设备的研发，并结合现场示范应用，以受人为活动影响的浅层地下水为研究对象，基于地球科学水循环理论和环境科学原理开展研究，进而构建可指导污染溯源识别的地下水环境垂直结构分层解析方法，以期获取关于地下水化学场更为准确和丰富的分层地下水化学数据。

地下水化学场在地层垂直空间呈现出广泛普遍的分层特征，其影响因素包括地层岩性、地下水径流速度、地球化学反应特征等天然地质背景成因，以及农业面源污染、工矿企业排污、生活污水入渗等人类活动污染影响。明确三种不同机理控制下的地下水水化学分层特征，溯源识别地下水中的人为活动污染影响与地质背景成因，对构造地下水环境垂直结构分层解析方法至关重要。

1. 地下水水化学特性在地层垂直空间呈分层特征的规律研究

地下水作为全球物质循环与能量交换的积极参与者，既是山水林田湖草沙中的最活跃因子，也是信息储存库。研究内容包括：首先，研究地下水化学场在地层垂直空间呈现垂直分层特性的主控机理。通过文献综述与理论研究，梳理不同主控因素影响下地下水化学场垂直分层的不同规律模式，包括地下水动力场分区、补径排条件等水循环条件，地层层序、渗透系数、水岩相互作用等含水层介质特征，地表水-地下水相互作用、人类活动污染入渗等地球生物化学反应特征，古气候及现代降雨水文条件等气象因素驱动特征。其次，研究不同主控机理影响下对应的地下水化学特性垂向分层分带曲线规律，并对现场实测获取水化学数据的三种典型曲线进行理论解释。地下水化学特性元素组分随地层垂直深度增加而浓度线性降低，对应人类活动地表污染入渗等因素主控；浓度线性升高，对应水循环条件主控；在地层岩性变化处突变，对应含水层介质特征主控。在此基础上，结合典型场地案例，构建地下水化学垂直分层特性的主控机制与水化学场数据特征曲线，拟通过内梅罗指数法、变异系数法等地下水水化学综合评价方法研究对应关系。

现场数据显示，地下水水化学数据随地层垂向深度变化呈现三种显著不同的规律。2020 年在湖北武汉某重金属污染场地，对深 20 m 的钻孔的地层垂直空间分四层进行地下水分层采样分析，结果显示：第一类，地下水中元素含量随深度增加而逐渐增大，如 Na、Ni、Zn、Cd、Fe，推测受天然水循环条件主控。第二类，水化学元素含量随地层深度增加而逐渐稀释减小，如 Cl、Al、Hg 等，推测由人为活动污染入渗影响。第三类，水化学元素浓度变化呈现与地层岩性协同变化的规律，而非简单的线性变化，如水化学离子元素 HCO_3^-、SO_4^{2-}、NH_4^+ 等在地层岩性界面处浓度突变。第四类，在浅层第四系同一含水层，F^- 质量浓度随地层深度增加呈线性增大，但从第四系土层延伸至石炭系黄龙组白云岩地层时，F^- 质量浓度同步突变剧烈增加到 4.27 μg/L，推测受地层岩性及含水层特征控制。

拟采用地下水水化学综合评价法研究，对应的基本原理及计算公式如下：

$$F = \sum_{i=1}^{m} A_i Z_i$$

式中，Z_i 为第 i 项指标的评价分值；A_i 为第 i 项指标的权重，$\sum_{i=1}^{m} A_i = 1$。$A_i = \dfrac{\delta_i}{\sum \delta_i}$，$\delta_i$ 为第 i 项的变异系数，无量纲。$\delta_i = \dfrac{S}{c}$，S 为第 i 项指标特征值的均方差（mg/L），$S = \sqrt{\sum (c_i - \bar{c})^2 / n}$；$\bar{c}$ 为指标的平均浓度值（mg/L），$\bar{c} = \dfrac{1}{n} \sum_{i=1}^{n} c_i$。

2. 室内模型试验地下水特征元素垂直分层的主控因素及聚类分析研究

拟在前述地下水化学场相关理论研究的基础上，识别地质背景成因与人为活动污染入渗影响两种显著不同机理控制下的地下水化学场垂向分层的差异化特征及数据曲线表现形式。研究内容包括：首先，搭建室内模型试验平台，分别模拟天然地质背景控制条件和人为活动污染入渗条件。其次，基于理论指导在控制条件下开展室内试验，获取地下水特征元素离子的典型分层特性曲线。最后，进行聚类分析研究，明确影响水化学场垂直分层的主控因素及对应特征离子团表现形式，从而通过试验研究指导多机理因素影响下现场复杂地下水化学数据分析与理论解释。室内模型试验的搭建要求为：模拟地层垂直结构多层多孔介质渗流条件，通过试验装置设定水头边界，采用不同渗透率的定制石英砂填砂管模拟地层含水层或相对隔水层，采用定压或定流量的方式进行注入控制，并对压力、流量、水质等参数进行监测控制。

3. 基于分层探测技术提取的地层信息数据，配套构建地下水环境垂直分层解析方法

地下水污染溯源解析的主要研究难点在于缺乏高分辨率地下水化学场数据，缺乏新技术与新方法支撑，缺乏地下水化学场数据的分层解析方法。拟基于研发的地下水分层探测新技术装备提取的地层信息数据，结合理论认识及试验研究成果，构建可在不同应用场景中有效溯源识别的数据分层

解析方法。地下水环境垂直分层数据解析方法的构建思路为：首先，由钻孔点空间分布数据（平面位置坐标及含水层顶底板标高）和水平间距，得到地下水化学平面点阵。其次，基于钻孔选取合理的垂直间距实施地下水环境分层探测，获取高分辨率、高丰度的垂向地层信息，得到地下水化学垂向点阵，从而构建地下水水化学三维点阵。最后，采用反距离权重插值或克里金插值等方法计算地下水化学离子质量浓度，得到地下水化学场数据，并利用 Tecplot 软件输出地下水化学场三维云图，从而通过数据分层解析方法实现地下水化学场的可视化表达，定量描述水化学特征离子三维空间分布分层特征。

基于上述分析，可知构建地下水环境垂直分层数据解析方法的研究内容包括：基于钻孔地下水环境分层探测数据获取地下水化学三维点阵，采用插值方法计算地下水化学离子质量浓度，得到地下水化学场数据，并利用 Tecplot 软件输出地下水化学场三维云图，从而可视化表达及定量描述水化学特征离子三维空间分布分层特征，支撑地下水污染源解析研究与场地污染修复鉴定。研究方案包括：基于地下水分层探测数据构建三维点阵，进行地下水化学指标随地层垂向的均一性特征、相关系数矩阵表征等数据解析，输出地下水化学场三维云图，定量揭示水化学特征污染物的空间分布与梯度变化。

在数据分析过程中，采用相关系数矩阵、主成分聚类分析等方法减少地下水化学指标变量；将原来的众多具有相关性的水质指标重新组合成新的不相关的水化学综合指标，便于归因溯源分析。对地下水化学指标相关系数进行分析，其相关系数和相关程度的对应划分如下：$0.00 \sim \pm 0.30$，微相关；$\pm 0.30 \sim \pm 0.50$，实相关；$\pm 0.50 \sim \pm 0.80$，显著相关；$\pm 0.80 \sim \pm 1.00$，高度相关。

首先，对分层探测获取的地下水化学数据进行相关系数矩阵表征，通过地下水中各离子之间存在的相关关系反演其主控地球化学反应。例如，某场地地下水化学数据相关系数分析如表 5-3 所示。其中，pH 与 Na^+ 实相关，与电导率、Ca^{2+} 负相关；ORP 与电导率、Mg^{2+} 实相关；具有显著相关性的指标是电导率与 Cl^-、Mg^{2+}、Ca^{2+}；高度相关的指标是 Cl^-、Ca^{2+}、Mg^{2+}。

表 5-3　某场地地下水化学数据相关系数矩阵分析

	pH	ORP	电导率	Cl⁻	SO₄²⁻	Na⁺	K⁺	Na⁺+K⁺	Mg²⁺	Ca²⁺	N₂
pH	1										
ORP	−0.278	1									
电导率	−0.402	0.311	1								
Cl⁻	−0.227	0.257	0.658	1							
SO₄²⁻	0.042	0.113	−0.119	−0.007	1						
Na⁺	0.349	−0.239	0.006	0.006	−0.290	1					
K⁺	−0.232	−0.160	0.226	0.247	−0.412	0.327	1				
Na⁺+K⁺	0.313	−0.246	0.029	0.030	−0.321	0.995	0.416	1			
Mg²⁺	−0.272	0.390	0.716	0.837	0.356	−0.093	0.105	−0.079	1		
Ca²⁺	−0.353	0.283	0.685	0.913	0.034	−0.125	0.198	−0.100	0.867	1	
N₂	−0.374	−0.087	0.239	−0.003	−0.300	0.186	0.279	0.207	−0.025	0.056	1

其次，对地下水化学分层数据进行解析，提取 3 个主成分作为聚类的新指标，代表三种不同机理影响下的地下水化学分层特性。拟采用 SPSS 聚类模块，用 3 个主成分指标替代原水质检测的 100 余项指标。通过主成分分析法获取不同深度层位地下水各化学组分的平均值和变异系数，对地下水化学类型进行界定与分析。

最后，三维点阵数据空间计算优选反距离权重插值方法。地下水水力联系密切，且具有统一的水动力场，因此水质在三维空间分布上是分层分带连续变化的。反距离权重插值方法具有易于实现、适应性良好、保留真实钻孔特征等优点，尤其当分层探测间距足够密时，对垂向分层局部变化具有非常好的刻画效果。其计算公式为

$$u(x) = \sum_{i=0}^{n} \frac{w_i(x)u_i}{S}$$

式中，$w_i(x) = \dfrac{1}{\ln[d(x, x_i)]}$；$S = \sum_{j=0}^{n} w_j(x)$。其中，$x_i$ 为第 i 个地下水探测采样点；x 为待计算点；$w_i(x)$ 为 x_i 点的权重；$w_j(x)$ 为 x_j 点的权重；u_i 为第 i 个地下水探测采样点的实际值；$u(x)$ 为 x 点的水化学属性值；$d(x, x_i)$ 为两点的欧氏距离。当三维点阵用于三维空间插值时，有

$$d(x, x_i) = \sqrt{(x-x_i)^2 + (y-y_i)^2 + (z-z_i)^2}$$

综上，基于钻孔点及地下水分层探测获取的地层数据得到地下水化学

三维点阵，结合数据解析方法减少水质指标变量并插值计算得到地下水化学场数据，利用 Tecplot 软件输出地下水化学场三维云图（见图5-2），进而完成地下水化学场的构建。

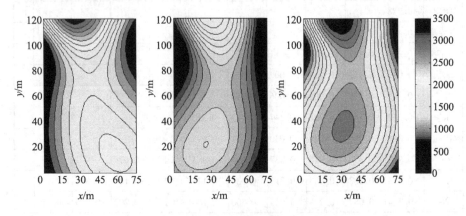

图 5-2　地下水化学场三维云图（电导率指标）

5.3　本章小结

为方便推广应用自主研发的地下水分层采样监测技术设备，有必要针对不同应用领域与工程需求凝练地下水分层采样监测的共性方法流程，阐述该新技术与新设备在地下水污染溯源解析等基础研究中的支撑作用。首先，本章在回顾国内外规范标准对地下水分层采样监测要求的基础上，阐述了地下水分层采样监测布设方法、场地表征和操作流程。其次，给出了地下水分层采样监测点网的布设方法与建议，将场地表征和污染情况表征从方法和原则上区别探讨。最后，给出了地下水分层采样监测井从工程项目定制化设计、钻孔成井、设备现场安装与功能测试到地下水洗井与多层快速采样的全流程方法。

在此基础上，本章论述了地下水分层采样监测方法在地下水化学分层分带特征、地下水环境垂直结构分层解析方法等地下水污染溯源解析研究中的支撑作用。通过一个钻孔的地下水分层采样监测获取地层垂直结构多个不同深度的环境水文地质参数，构建配套的地下水环境垂直结构分层解析方法。主要研究了地下水水化学特性在地层垂直空间呈分层特征的规律模式，溯源识别地下水中的人为活动污染影响与地质背景成因；研究了地下水特征元素在地层垂直空间分布的主控因素及分层聚类特征，揭示了识别污染物由上至下入渗地层的地下水环境垂直分层特性及浓度梯度变化特征。进而，基于地下水分层采样监测获取更为准确和丰富的地下水化学数据，以及基于地球科学水循环理论和环境科学原理，配套构建了可指导污染溯源识别的地下水环境垂直结构分层解析方法。

第6章

地下水分层采样监测技术应用之一：
流域水循环与水文地质

水是基础性的自然资源，水资源与经济社会协调可持续发展的重要性日益凸显。作为典型产汇流盆地，江西赣州禾丰盆地水文地质边界清晰，水循环要素齐全，行政区划与流域单元自然边界重合，结合地质调查项目工作揭示盆地水文地质条件及水循环特征。在此基础上，本章针对农业面源污染及自然地下水流系统相关问题，在禾丰盆地开展地下水分层快速采样示范应用。

6.1 江西赣州禾丰盆地概况

禾丰盆地位于江西省赣州市于都县禾丰镇，如图 6-1 所示。禾丰镇位于于都县中南部，东与会昌县白鹅乡接壤，南邻铁山垅镇，西接利村乡，北连梓山镇。禾丰镇面积为 130.72 km²，2019 年统计人口为 6.95 万人，是省级生态示范镇，是集农业、矿业、果业、林业开发于一体的复合型经济强镇。于都县至盘古山公路经过禾丰盆地，主要公路有厦蓉高速承接东西、宁定高速横跨、于盘公路贯通南北，交通较方便，融入"赣州市一小时城市经济圈"。

禾丰盆地地理坐标为东经 115°26′3″~115°33′0″，北纬 25°43′5″~25°52′47″，面积为 129 km²。盆地四周高山环绕，为典型的山间盆地，地势东高西低，属丘陵地貌。山地面积 85.95 km²，属国家长江中下游防护林工程造林区，林木葱郁，温地松面积广大。

河流水系方面，盆地内发育的禾丰河属赣江水系贡江小溪河的支流，河流级次拓扑关系为：长江-赣江-贡江-小溪河-禾丰河。禾丰河在长江流域颇具代表性，属于产流盆地汇水而成的次级河流，中上游接受禾丰盆地低山丘陵区的降雨补给，汇流成河。禾丰河主河长 34.3 km，平均流量为 6.01 m³/s，由东向西经禾丰镇流向利村乡，河道蜿蜒曲折，多呈 V 形，滩多水浅。

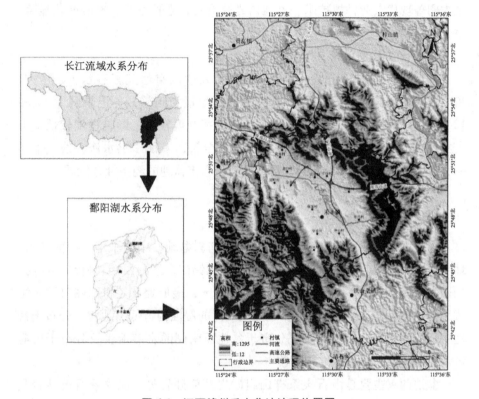

图 6-1　江西赣州禾丰盆地地理位置图

6.1.1　气候气象

1. 气象情况

禾丰盆地属亚热带季风气候，温暖湿润，四季分明，雨量充沛。气象资料显示，年平均气温为 18.7 ℃，年平均无霜期 297 天，多年平均降水量为 1562.3 mm。降水量分配不均，丰水期（4—6 月）降水量达全年的 46% 以上，枯水期（11 月—次年 1 月）降水量仅占全年的 10%，其余月份为平水期。

2. 蒸散发情况

盆地内光照充足，冷暖变化显著，适合植被生长，多年平均年蒸发量为 1163.8 mm，多年平均干旱指数（蒸发量与降水量之比）为 0.76。因植被茂盛始称"木丰"，建村开发五谷丰登，后人改称"禾丰镇"。本地农作物主要有水稻、脐橙、大豆、薯类、花生等，近年来精准扶贫大力发展蔬菜大棚等现代农业种植技术。盆地内光照充足，生长季长，冷暖变化显著，适合农作物生长。

3. 涉水自然灾害情况

据《禾丰镇志》记载，禾丰盆地历史发生的自然灾害有水灾、旱灾、雷电灾害等。其中，水灾和雷电灾害的发生最为频繁，各记录到 15 次和 12 次。危害最大的为水灾和旱灾，其余灾害规模较小，影响程度较低。水灾集中在禾丰河下游沿岸村庄，旱灾危及全镇，人称"洪水淹一线，干旱一大片"，充分表明水资源问题严重影响了禾丰盆地的经济社会发展。

6.1.2 地形地貌

禾丰盆地为西西北向呈椭圆形展开的向斜盆地，中间平坦、四面环山，地势由东南向西北倾斜，上游东南邻铁山垅钨矿，下游西接利村乡小溪河，如图 6-2 所示。最高点锡牛嶂海拔为 813.8 m，最低处麻芫村水阁口河床海拔为 160 m。地貌类型包括分布于盆地四周的侵蚀构造低山地貌、分布于盆地中部的构造剥蚀丘陵地貌、分布于盆地西南侧的岩溶地貌及分布于山前坡麓和河流两岸的侵蚀堆积地貌。

盆地两翼主要是由石炭系梓山组砂岩及粉砂岩等、泥盆系石英砂岩及石英砂砾岩等、寒武系牛角河组硅质板岩及变余长石石英砂岩和燕山期二云母花岗岩等组成的山体，海拔为 500~700 m。这些山体既是地表分水岭，也是地下水分水岭。地下水在盆地四周接受降水补给，整体向盆地中部和北西部径流排泄，形成了一个完整的地下水补径排过程。因此，在平面上，禾丰盆地地下水流系统以盆地四周地下水分水岭为边界（见图 6-3），形成了一个完整的地下水系统。

6.1.3 地质与构造

禾丰盆地及邻域位于南岭东段隆起带之于都坳陷，属华南地层区武功山-雩山地层小区域，地层发育从南华系到第四系大部分地层有出露，缺少奥陶系、志留系和三叠系。其中，白垩系仅图幅内北西角小范围出露，侏罗

图 6-2　江西赣州禾丰盆地地形遥感图

图 6-3　江西赣州禾丰盆地边界及地形地貌遥感解译图

系在图幅中仅园岭村小范围出露。

1. 构造地质

禾丰盆地流域面积为 129 km^2，位于新华夏系构造带的中段，赣南山字形构造脊柱的东侧，主要的构造有褶皱和断层。整体沿西北向呈椭圆形展开，地势东高西低，盆地内水系自东向西流出，流域形态发育较完整。地质条件上，禾丰盆地为向斜，核部指向西北向，向斜右翼地层层序清晰由

老到新分别为 D_2y、D_3z_1、D_3z_2、D_3s、C_1z_1、C_1z_2、Qp_{1-2}、Qp_3、Qh。向斜左翼构造发育，如近南北向、东西向、北西向、北东向。禾丰盆地东南角出露花岗岩体。

2. 断层

禾丰盆地的断层主要为北北西向，其次为北西向、北东向及北东东向。

（1）北北西向断层：在禾丰盆地发育有 20 条，普遍分布于盆地的南西翼和北西翼的起端，走向为 330°~355°，倾向南西或北东，倾角为 54°~87°。断裂宽 2~15 m，延长 1.5~13 km。断裂带内普遍可见糜棱岩和构造透镜体，并可见构造角砾岩，断面呈舒缓波状，一般具有两期活动，先期呈张性特征，后期呈压扭性特征，地层被错切。受赣南山字形构造脊柱的迁移影响，断层北西端走向往往向北偏移。其中一条规模最大的断层控制了盆地南西翼栖霞组灰岩的分布，使灰岩与石炭系下统和寒武系下统的地层呈断裂接触。

（2）北西向断层：发育有 6 条，主要分布于盆地南西翼，走向为 315°~330°，倾向北东或南西，倾角为 52°~78°。断裂宽 1~8 m，延长 2.5~8.5 km。一般呈先张后压扭性，断裂带挤压明显，破劈理和糜棱岩发育，岩石硅化，两盘地层被左行错切。

（3）北东向断层：发育有 9 条，走向为 40°~60°，倾向北西为主，倾角为 44°~75°。断裂宽 0.5~2 m，延长 0.5~4 km，断面呈舒缓波状，断裂带内普遍可见糜棱岩和构造透镜体，力学性质为压扭性。

（4）北东东向断层：发育有 6 条，倾向北或南，倾角为 48°~85°，断裂宽 1.5~10 m，延长 0.2~1.8 km。断面主要呈舒缓波状，岩石硅化，力学性质为压扭性。此外，盆地内还零星分布了一些规模较小的北北东向、北西西向和近东西向断裂。

3. 地质条件与出露地层

禾丰盆地除了广泛分布于第四系地层外，主要出露有震旦系、寒武系、泥盆系、石炭系和二叠系地层。盆地南部出露有燕山早期的岩浆岩，呈岩株产出，其岩性为灰白至浅肉红色中、粗粒二云母花岗岩。区域地层分布情况见表6-1。

表 6-1 江西赣州禾丰盆地地层岩性表

地层时代			代号	厚度/m	岩性简述	分布位置
界	系	统 群(组)				
新生界	第四系	全新统	Q₄e-dl	3~5	褐黄色亚黏土夹碎石	老屋下
			Q₄al	18.90	上部为褐黄色亚黏土，下部为亚砂土夹砂砾卵石层	沿河
		上更新统	Q₃pl	12.50~27.51	上部为土黄色亚黏土夹碎石，下部为亚砂土及砂卵石	中部
		中更新统	Q₂d-pl	20.30~26.77	棕黄色蠕虫状亚黏土夹透镜状碎石	坡麓
古生界	二叠系	上统 龙潭组	P₂l	250	灰黄色薄层粉砂岩，灰黑色含炭页岩夹薄层长石石英细砂岩、硅质岩	中部杨梅坑
		下统 茅口组	P₁m	130	灰黑色薄-中厚层硅质岩、硅质粉砂岩夹炭质页岩、粉砂质页岩，下部夹透镜状不纯灰岩	中部
		下统 栖霞组	P₁q	298.84	灰、灰黑色中-厚层灰岩、燧石条带灰岩、含炭质灰岩，中部夹一层米厚的炭质页岩、粉砂岩	金鸡山至老屋下
	石炭系	中上统 壶天群	CH	893	灰白至灰黑色厚层灰岩、白云质灰岩	金鸡山陡角
古生界	石炭系	下统 梓山组	C₁z	90	灰白、灰黄色薄-中厚层石英砂岩、粉砂岩，黑色炭质页岩夹煤层	两翼
		下统 横龙组	C₁h	150~360	灰白色厚层砂砾岩、石英砂岩夹紫红色粉砂岩	
	泥盆系	上统 三门滩组	D₃s	493	灰白、紫红色中-厚层长石石英砂岩、石英砂岩、粉砂岩，底部为砾岩、砂砾岩	
	寒武系	下统 牛角河群	Є₁nj	2176	黑色硅质岩、硅质板岩、泥质板岩及灰绿色变余长石石英砂岩	南西翼

续表

地层时代			代号	厚度/m	岩性简述	分布位置
界	系	统	群（组）			
元古界	震旦系	上统	Z_2	3000	深灰、灰绿色中-厚层变余凝灰质砂岩、变余长石石英砂岩夹千枚岩	北东翼
		下统	Z_1	244	深灰色厚层变余粉-细屑层凝灰岩，偶夹变余凝灰质砂岩	

6.1.4 区域人为活动污染简况

区内矿种多、蓄量大，主要有石灰石、瓷土、钨、锡、锰、铁、煤、泥炭、磷、萤石、透闪石等，尤以石灰石、钨和锰矿的品质高而闻名全省。主要工业企业有江西国兴集团东方红水泥有限公司、铁山垅钨矿、东光页岩矿和部分矿产、建材企业。水质污染源方面，人为活动主要为矿山开发和农业种植，化工污染较少。据报道，2014 年禾丰东光页岩矿的露天开采矿区面积为 0.12 km²，弃土石及尾矿乱堆放造成严重水土流失隐患，污染山下农田、溪水，威胁水库安全。

6.2 区域水文地质条件

在前述地层关系、构造特征、岩浆岩分布概述下，对禾丰盆地水资源情况、地下水类型及补径排特征展开分析，进行盆地尺度地下水系统研究和水循环转换分析。

6.2.1 禾丰盆地地表水资源

1959—1980 年，多年平均降雨量为 1500 mm，多年平均蒸发量为 1163.8 mm，降雨带来的水资源总量为 1.96 亿 m³。禾丰河多年平均流量为 6.01 m³/s，年径流量约为 1.9 亿 m³。

1. 禾丰盆地内水利设施

主要有水库、山塘和水陂渠道等，用于灌溉农田和水产养殖。盆地内有一座"八三一"水库，为小（Ⅰ）型，此外还有上尧塘水库、东方红水库、山塘庵水库和太源山水库等 4 座小（Ⅱ）型水库。总库容为 291.98 万 m^3。据统计，禾丰盆地有 619 口山塘，塘坝有 103 座。其中蓄水量大于 100 m^3 的山塘有 193 座，总蓄水量达 697065 m^3。禾丰盆地共有水陂 754 座，水圳 704 条。据 2016 年江西省水利厅新闻揭示，近年来旱情频发，禾丰镇居民用水及农业用水受到严重影响，制约了当地的社会经济发展。禾丰镇共计 5 万多人口存在饮水困难，在干旱期有 2.8 万人口存在缺水严重问题，当地群众迫切希望解决干旱期生活用水保障问题。2018 年实施于都县禾丰镇调水工程，新建供水管道总长达 19.445 km，有 3 处加压泵站，以铁山垅水厂为调水水源，新建供水管网向干旱区实现调水，保障禾丰镇 2.8 万人口的抗旱应急供水需求。

2. 地表河流水系

禾丰盆地发育禾丰河，为长江流域四级支流，河流级次拓扑关系为长江-赣江-贡江-小溪河-禾丰河。禾丰河属赣江水系贡江小溪河的支流，为最末端河流级次，中上游接受禾丰盆地低山丘陵区的降雨补给，汇流成河。禾丰河流域面积为 219 km^2，主河长为 34.3 km，平均流量为 6.01 m^3/s，径流量（用小溪河的流量和径流量类比，濂江的类比计算也差不多）为 1.9 亿 m^3，发源于铁山垅镇隘山、蕉坑，由东向西流经禾丰镇、利村乡，在新陂下坝对岸注入小溪河，蜿蜒曲折，河谷多呈 V 形，河床比较高，滩多水浅。2018 年实施乡村振兴示范区禾丰河生态综合治理工程。禾丰河上级河流为小溪河，小溪河流域面积为 621.7 km^2，接纳 41 条支流，平均流量为 18.27 m^3/s，径流量为 5.53 亿 m^3，自安远县鸭仔嶂向北流经祁禄山、小溪、新陂、罗江等乡，在小溪口注入贡水。禾丰河上二级为贡水，贡江全长为 319 km，流域面积为 27038 km^2，接纳濂江、梅江、平江、桃江，在赣州市与章水汇成赣江。

6.2.2　禾丰盆地地下水资源

地下水类型包括松散岩类孔隙水、基岩裂隙水和岩溶水。据钻孔揭露，第四系含水层厚度为 8.4~9.9 m，地下水水位年变幅为 0.52~3.90 m，单井涌水量为 120~170 m^3/d，水量中等。岩溶水赋存于石炭系和二叠系灰岩溶洞及溶蚀裂隙中，含水层厚度为 8.2~9.4 m，受大气降水补给较明显，水流由盆地边缘向中心排泄，地下水水位年变幅约为 1.83 m。1992 年禾丰盆地岩溶水资源初步勘察报告表明，岩溶水天然补给量为 37000 m^3/d，岩溶水资源可开采量为 28200 m³/d。

盆地内的地下水类型主要有松散岩类孔隙水、碳酸盐岩类岩溶水、碎屑岩类孔隙裂隙水和岩浆岩变质岩类裂隙水四大类，其中碎屑岩类孔隙裂隙水分布范围最广，碳酸盐岩类岩溶水含水量最为丰富，如图 6-4 所示。

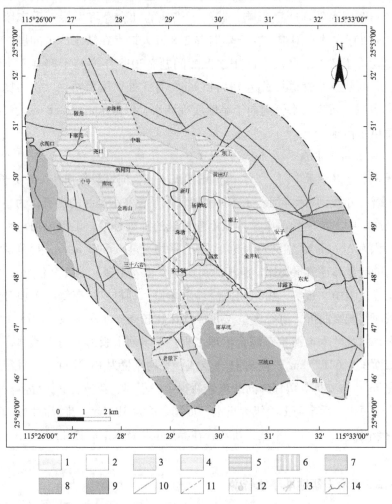

1—松散岩类孔隙水，水量中等；2—松散岩类孔隙水，水量贫乏；
3—碳酸盐岩类岩溶水，裸露型、水量中等；4—碳酸盐岩类岩溶水，裸露型、水量贫乏；
5—碳酸盐岩类岩溶水，覆盖型、水量中等；6—碳酸盐岩类岩溶水，埋藏型、水量贫乏；
7—碎屑岩类孔隙裂隙水，水量贫乏；8—岩浆岩变质岩类裂隙水，变质岩类裂隙水，
水量贫乏；9—岩浆岩变质岩类裂隙水，岩浆岩类风化裂隙水；10—断裂；
11—推测断裂；12—泉；13—地下水流向；14—河流。

图 6-4 赣州禾丰盆地水文地质简图

地下水位埋深从盆地四周往中部逐渐变浅，含水量逐渐丰富，其中盆

地中部的禾丰河两岸的水量最为丰富。松散岩类孔隙水主要分布于盆地中部与盆地四周的山前坡麓上，赋存于第四系洪积层和残坡积层中，是当地居民主要利用的地下水类型。水位埋深为 0.10~1.86 m，年变幅为 0.52~3.90 m，含水层厚度为 0.5~9.9 m，水力性质为潜水，局部微承压，水量属贫乏-中等。碳酸盐岩类岩溶水在盆地内分布广泛，地下水主要赋存于石炭系和二叠系的灰岩地层中，按照埋藏类型可分为裸露型、覆盖型和埋藏型三类，地下水埋深为 13.4~20.0 m，水位年变幅为 1.83 m，含水层厚度为 8.2~94.4 m，水力性质基本为承压水，局部灰岩裸露区为潜水，水量丰富。在盆地中部及北东翼，溶蚀作用强烈，岩溶发育，碳酸盐岩类岩溶水水量更丰富。盆地内基岩裂隙水主要分布于盆地边缘四周，可分为构造裂隙水和风化裂隙水两类，水量均较小，其分布与断裂分布和岩浆岩岩体的分布关系密切，其中构造裂隙水分布较广，除了盆地南部，基本上环绕盆地边缘分布，而风化裂隙水主要分布于盆地南部。

6.2.3　地下水补径排条件

禾丰盆地地下水的补径排条件严格受地形、地貌、地层岩性、地质构造、植被和大气降水等因素的综合控制。地下水的主要补给来源为大气降水，由于盆地边缘的断裂裂隙发育，盆地内地势较平坦，形成了大气降水渗入补给的有利条件。

松散岩类孔隙水主要靠大气降水垂直渗入补给。同时，也接受基岩裂隙水的侧向补给和岩溶水的顶托补给，地下水径流交替作用强烈，更新速度快，径流方向基本直交河流，并以泉的形式排于地表水。

碳酸盐岩的补给受灰岩出露条件的制约。在灰岩裸露区，各种岩溶现象发育，大气降水通过各种岩溶地貌直接渗入地下，补给地下水；在覆盖型灰岩地区，上部松散层孔隙发育，大气降水及地表水多经孔隙渗入补给下伏灰岩岩溶水。除以上所述地下水主要接受大气降水与地表水两种补给来源外，灰岩岩溶水还接受基岩裂隙水和断层脉状水的侧向补给，尤其是灰岩向斜盆地，由于盆地边缘的断裂裂隙发育，为大气降水渗入补给创造了有利条件，该地下水沿盆地两翼向盆地轴部径流，补给岩溶水，在适宜的条件下形成上升泉，或以暗河形式排出地表。

碎屑岩类孔隙裂隙水的分布、埋藏主要受构造裂隙的发育方向、发育程度、裂隙力学性质制约，出露极不均匀。地下水主要储存在构造裂隙及层间裂隙中，裂隙受区域构造控制。地下水径流相对较短，沿裂隙或岩层面流出，形成泉水排泄。

岩浆岩变质岩类裂隙水主要通过风化裂隙和构造裂隙接受大气降水，垂直渗透补给地下水，入渗量的多少取决于岩石的风化程度、节理裂隙的密度及其张开充填情况、降水量的丰沛程度，还受地势高低、植被发育程度等因素的制约。基岩裂隙水接受补给后，从地形高处向低处径流，至山坡脚下、溪沟两旁呈散流状或股状泉的形式排泄。

盆地内地下水排泄的方式主要有三种，分别为人工开采、自流井泉排泄和河道排泄。

赣州禾丰盆地水文地质调查点与钻孔分布如图 6-5 所示，地下流水场图如图 6-6 所示。

图 6-5　赣州禾丰盆地水文地质调查点与钻孔分布图

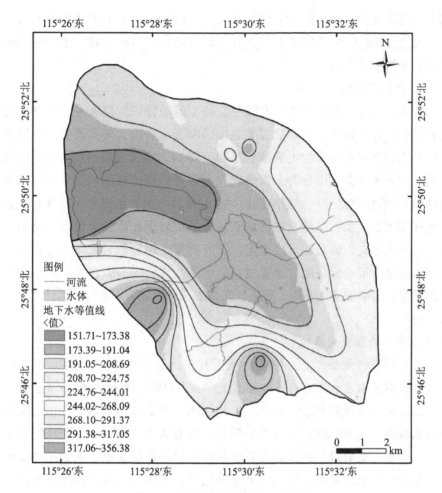

图 6-6　赣州禾丰盆地地下水流场图

6.2.4　禾丰盆地地下水流系统及水循环模式

1. 地下水流系统

禾丰盆地处于禾丰向斜内，四周由泥盆系、石炭系和燕山岩浆岩围限。其中，泥盆系和石炭系地层的主要岩性为石英砂岩、粉砂岩，含水性和透水性较差，为相对隔水层；盆地南部的燕山期岩浆岩呈岩株产出，岩性为二云母花岗岩，岩体完整致密，透水性差，为相对隔水层。因此，可将禾丰盆地划分为由泥盆系、石炭系和岩浆岩隔水基底围限的二叠系灰岩地下水盆地（包括上覆第四系），以作为一个相对完整的含水系统。其具体范围如下：南部以二叠系与岩浆岩接触为界，除南部外以禾丰向斜二叠系与石炭系、泥盆系接触为界，平面形状似棱形，南北延伸 14.7 km，东西延伸 10.4 km，面积为 119.75 km²。

2. 含水岩组划分

依据岩层组合关系及地下水储存空间、运动特征，盆地内可划分为松散岩类孔隙含水岩组、碳酸盐岩类裂隙溶洞含水岩组、碎屑岩类孔隙裂隙含水岩组和岩浆岩变质岩类裂隙含水岩组等四大类含水岩组。其中：松散岩类孔隙含水岩组又细分为全新统现代河谷冲积含水亚组、更新统山间岗地冲积-冲洪积含水亚组；碳酸盐岩类裂隙溶洞含水岩组细分为二叠系灰岩含水亚组和石炭系黄龙组灰岩含水亚组；碎屑岩类孔隙裂隙含水岩组细分为二叠系泥岩夹砂岩裂隙含水亚组、石炭系梓山组粉砂岩孔隙裂隙含水亚组和泥盆系石英砂岩裂隙含水亚组；岩浆岩变质岩类裂隙含水岩组细分为寒武系变质岩裂隙含水亚组、燕山期花岗岩风化裂隙含水亚组。共计 9 个含水亚组。

3. 含水岩组空间结构

含水岩组的分布（见图 6-7）主要受控于地层岩性和地形地貌，其中碎屑岩类孔隙裂隙含水岩组的分布范围最广，占研究区面积的 42.86%；其次为碳酸盐岩类裂隙溶洞含水岩组，占 40.61%；再其次为岩浆岩变质岩类裂隙含水岩组，占 10.2%；最后为松散岩类孔隙含水岩组，占 6.33%。在平面上，岩浆岩变质岩类裂隙含水岩组和碎屑岩类孔隙裂隙含水岩组主要分布于地表水分水岭地带，多为地下水补给区，花岗岩变质岩裂隙水在高地两侧接受大气降水补给，径流至地势低洼处，或侧向补给其余含水岩组，或径流至地表水流中，或受断裂控制，以散泉方式排泄出地表；在盆地内，碳酸盐岩类裂隙溶洞含水岩组基本下伏于松散岩类孔隙含水岩组和碎屑岩类孔隙裂隙含水岩组，地下水类型多为承压水，除少部分由于含水岩组出露于地表为潜水，直接接受大气降雨补给外，其余均接受含水岩组地下径流补给，在相对隔水层和断裂的接触处以上升泉的形式排泄出地表；松散岩类孔隙含水岩组分布于河流两岸，接受其余 3 个含水岩组地下径流补给，汇入地表河流中，径流方向与地表水系径流方向基本一致。

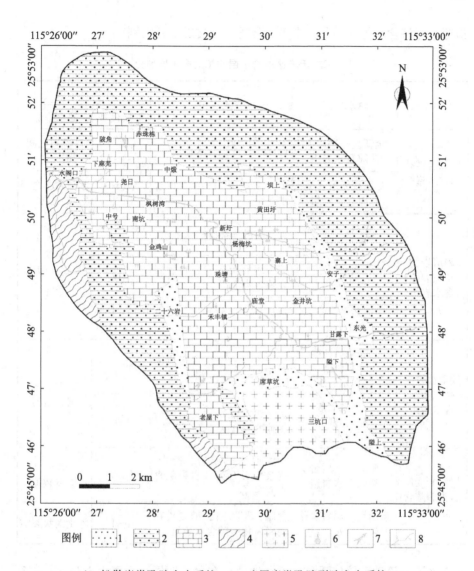

图例　1—松散岩类孔隙含水系统；2—碎屑岩类孔隙裂隙含水系统；

3—碳酸盐岩类裂隙溶洞含水系统；4—岩浆岩变质岩类裂隙含水系统；

5—花岗岩类风化裂隙含水系统；6—泉；7—地下水流向；8—河流。

图 6-7　赣州禾丰盆地含水层系统分布图

　　在垂直方向上，由于同一含水岩组中含水层的岩性往往存在一定的差异，含水岩组的渗透性、富水性等在空间上有明显的不同，基于这种差异，可进一步划分含水层与相对隔水层（见表 6-2）。综合含水层岩性、岩相、钻孔、物探测井解译成果及抽水试验取得的地质条件和单井涌水量参数等指标，可将含水等级划分为中等、贫乏、极贫乏 3 种级别。

表 6-2　禾丰盆地含水层和相对隔水层划分

类型	含水岩组	含水亚组	主要含水层	
			地层代号	储水空隙
松散岩类孔隙含水岩组	全新统松散岩类孔隙含水岩组	现代河谷冲积含水亚组	$Qh^{1-2}l$ Qhs	砂砾石之间的孔隙
	更新统松散岩类孔隙含水岩组	山间岗地冲积－冲洪积含水亚组	Qp^2jx、Qp^3lt	含砾砂层之间的孔隙
碎屑岩类孔隙裂隙含水岩组	二叠系孔隙裂隙含水岩组	泥岩夹砂岩裂隙含水亚组	P_3l、P_2C、P_2x	孔隙、构造裂隙
	石炭系裂隙含水岩组	梓山组石英砂岩、粉砂岩裂隙含水亚组	$C1z$	
	泥盆系裂隙含水岩组	石英砾岩、砂砾岩、石英砂岩裂隙含水亚组	D_3zd、D_3s、$D_{2-3}z$、D_2y	
碳酸盐岩类裂隙溶洞含水岩组	二叠系碳酸盐岩裂隙溶洞含水岩组	马平组、栖霞组含硅质泥晶灰岩、含水亚组	P_1m、P_2q	裂隙、溶洞、暗河
	石炭系碳酸盐岩裂隙溶洞含水岩组	黄龙组泥晶灰岩、白云岩裂隙溶洞含水亚组	C_2h	
岩浆岩变质岩类裂隙含水岩组	寒武系变质岩裂隙含水岩组	牛角河组硅质岩、板岩、变余长石石英砂岩裂隙含水亚组	$C_{0-1}n$	层间、构造裂隙
	燕山期花岗岩风化裂隙含水岩组	含斑、斑状黑云母二长花岗岩风化裂隙含水亚组	$m\gamma J$	风化网状裂隙

　　地下水流动系统广泛分布于盆地内。在盆地四周，主要由石炭-泥盆系碎屑岩、寒武系-震旦系变质岩和燕山期花岗岩等基岩风化裂隙水组成，主要接受大气降水补给，一般依地势顺坡径流，径流途径较短，排泄快，多在山坡坡脚或其他低洼处以下降泉的形式排泄于地表；在盆地内部，主要由松散岩类孔隙水、裸露型岩溶水和二叠系碎屑岩类孔隙裂隙水组成，主要接受大气降水、侧向径流和地表水补给，向河流排泄和地势低洼处形成下降泉排泄出露地表。浅层地下水流动系统补给源充足，水位埋藏浅，径流条件好，水循环交替强烈，地下水循环深度一般在 200 m 左右，更新能力

强，矿化度低，主要水化学类型为 HCO_3-Ca 型。中-深层地下水流动系统在盆地内主要由碳酸盐岩孔隙类型水和构造裂隙水组成，循环发育深度达石炭系隔水基底，其循环深度达 700~1060 m。中-深层地下水流动系统主要通过层间和构造裂隙接受其他地下水侧向径流补给，受含水层间相对隔水层和压性断裂阻隔以上升泉形式排泄出地表，该流动系统地下水埋藏较深，径流路径长，循环速度较慢，地下水矿化度较大（194~338 mg/L），主要水化学类型为 HCO_3-Ca 型。

4. 水循环模式

应用地下水流系统理论上将整个禾丰盆地视作一个完整的产汇流地下水系统。禾丰盆地位于禾丰向斜内，盆地四周由泥盆系、石炭系和南部小块岩浆岩隔水基底围限，构成相对封闭的岩溶含水系统。

从平面上看，禾丰盆地地下水径流方向严格受地形、禾丰河现代侵蚀基准面和构造控制，地下水呈"向心状"由盆地边缘向盆地中心地势低洼处汇集，最终沿禾丰河汇集并朝西北方向排泄流出，如图 6-8 所示。

从剖面上看，禾丰盆地内地下水流动系统中近地表的潜水地下水补给源充足，水位埋藏浅，径流条件好，水循环交替强烈，更新能力强，是盆地内居民生产生活的主要取水层位；下部承压岩溶水地下水埋藏较深，径流路径较长，循环速度较慢，目前开发利用程度低。盆地内地下水矿化度变化范围较大（21.00~500.00 mg/L），主要水化学类型为 HCO_3-Ca 型。

此外，开展禾丰盆地横、纵两条特征剖面分析和水化学表征，进一步揭示禾丰盆地地下水采样点分布和水循环模式，如图 6-9 和图 6-10 所示。

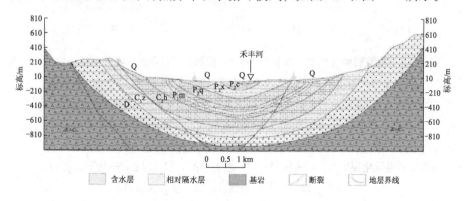

图 6-8　赣州禾丰盆地水文地质结构剖面图

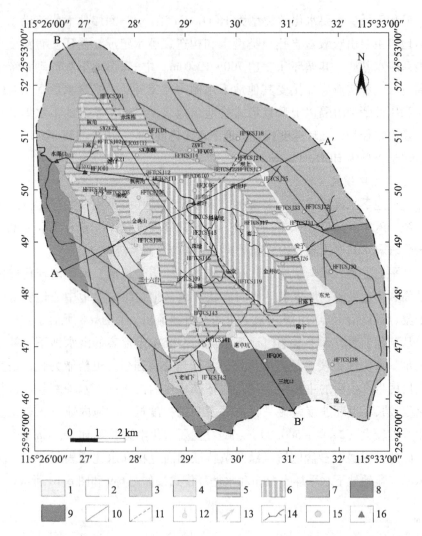

1—松散岩类孔隙水，水量中等；2—松散岩类孔隙水，水量贫乏；
3—碳酸盐岩类岩溶水，裸露型、水量中等；4—碳酸盐岩类岩溶水，裸露型、
水量贫乏；5—碳酸盐岩类岩溶水，覆盖型、水量中等；6—碳酸盐岩类岩溶水，
埋藏型、水量贫乏；7—碎屑岩类孔隙裂隙水，水量贫乏；8—岩浆岩变质
岩类裂隙水，变质岩类裂隙水，水量贫乏；9—岩浆岩变质岩类裂隙水，
岩浆岩类风化裂隙水；10—断裂；11—推测断裂；12—泉；13—地下水流向；
14—河流；15—地下水采样点；16—地表水采样点。

图6-9 赣州禾丰盆地特征剖面及地下水采样点分布图

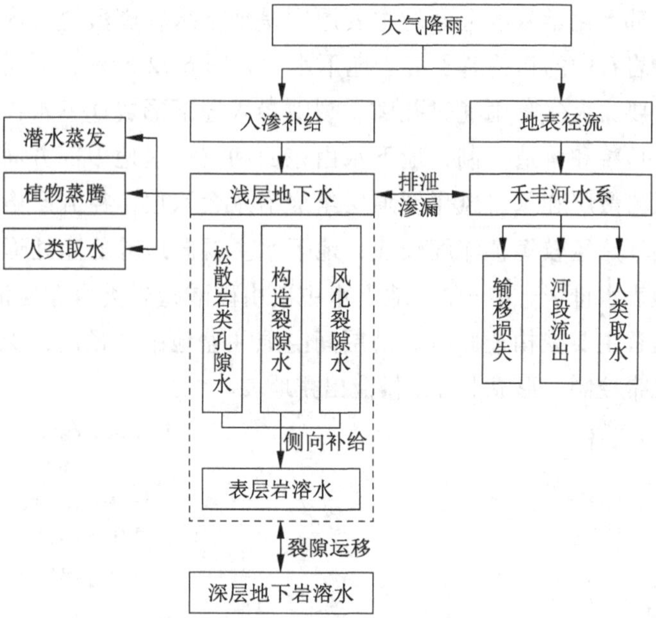

图 6-10 赣州禾丰盆地地下水循环模式图

盆地北东东向（A–A'）剖面。剖面横切盆地中部，走向基本垂直于禾丰向斜轴线，横跨盆地内主要的含水岩组，揭露了盆地内的含水层结构，是控制盆地东西向地下水循环模式的代表性剖面。剖面地势由两翼往中间逐渐降低，地面高程一般为 171~610 m。剖面上部为不连续的松散岩类孔隙水，含水层主要由第四系砂砾石层和二叠系碎屑岩类风化层组成，相对隔水层由下部裂隙不发育的二叠系粉砂岩和页岩组成；剖面中部由二叠系碳酸盐岩裂隙溶洞含水岩组构成，其底部相对隔水层由下部厚层岩溶不发育的灰岩、白云岩和非可溶岩页岩组成；剖面底部由石炭系黄龙组碳酸盐岩裂隙溶洞含水岩组组成，相对隔水层顶板由石炭系梓山组粉砂岩和石英砂岩构成。

剖面水化学特征。剖面上主要离子浓度和其他化学指标浓度呈现在禾丰河附近下降，在盆地中部上升，到达盆地坡麓后又下降的趋势变化（见图 6-11），表明盆地地下水主要是往盆地中部汇集，接受大气降水补给，在禾丰河水系界面处地表水-地下水相互作用明显，导致河流附近地下水主要离子浓度下降。结合地下水类型分布区，可以看出西侧的碳酸盐岩分布区的 Ca^{2+}、HCO_3^- 和 TDS 浓度高于东侧与碎屑岩类孔隙裂隙水交界处的浓度，表明盆地中部水化学浓度上升的主要原因是地下水在碳酸盐岩内径流，岩溶作用导致岩石中的相关离子溶于地下水。如图 6-12 所示，剖面上地下水循环模式主要为大气降雨通过孔隙、裂隙渗入地下形成地下水；地下水水径流严格受地貌和构造控制，地下水由东西两翼往盆地中部方向汇集。浅层由第四系松散层和基岩风化裂隙层组成潜水含水层，径流严格受地形条件约束，循环路径较短，深度较浅，地下水主要向地势低洼处形成下降泉排泄和向地表水排泄。中–深层地下水主要由碳酸盐岩类裂隙岩溶水组成，其地下水运移主要受构造影响，沿层间空隙往盆地中部径流，受断裂和非可溶岩接触带控制，形成上升泉排泄出露地表。

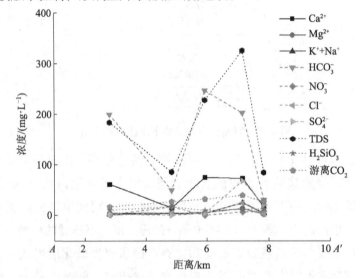

图 6-11　赣州禾丰盆地北东东向 A–A′ 剖面水化学指标浓度变化图

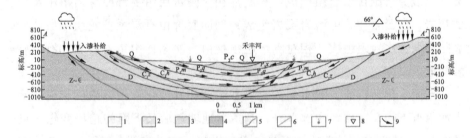

1—松散岩类孔隙含水岩组；2—碳酸盐岩类裂隙溶洞含水岩组；
3—碎屑岩类孔隙裂隙含水岩组；4—岩浆岩变质岩类裂隙含水岩组；
5—地质界线；6—断裂；7—泉点；8—河流；9—地下水流向。

图 6-12　赣州禾丰盆地北东东向 A–A′ 剖面地下水循环示意图

盆地北北西向（B-B'）剖面。剖面纵切盆地中部，走向基本沿着禾丰向斜轴线，横跨盆地内所有的含水岩组，揭露了盆地内的含水层结构，是控制盆地南北向地下水循环模式的代表性剖面。剖面地势由两翼往中间逐渐降低，地面高程一般为 163～540 m，剖面中部的禾丰河为区域侵蚀基准面。

剖面水化学特征。剖面上主要离子浓度和其他化学指标浓度呈现先上升，在盆地中部达到顶峰后又下降的趋势变化（见图 6-13），表明盆地地下水主要是往盆地中部汇集，在径流过程中，受水岩相互作用影响，地下水中离子浓度升高，并在盆地中部富集。如图 6-14 所示，剖面上地下水循环模式主要为大气降雨通过孔隙、裂隙渗入地下形成地下水；地下水水径流严格受地貌和构造控制，地下水由盆地南北两侧往盆地中部方向汇集。浅层由第四系松散层和基岩风化裂隙层组成潜水含水层，径流严格受地形条件约束，循环路径较短，深度较浅，地下水主要向地势低洼处形成下降泉排泄和向地表水排泄。中-深层地下水主要由碳酸盐岩类裂隙岩溶水组成，主要接受浅层含水系统沿构造裂隙和地层不整合面运移补给，其地下水运移主要受构造影响，沿向斜轴线往盆地中部径流，受断裂和非可溶岩接触带控制，形成上升泉排泄出露地表。

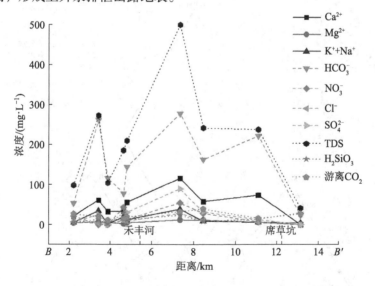

图 6-13　赣州禾丰盆地北北西向 B-B' 剖面水化学指标浓度变化图

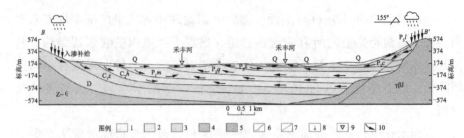

1—松散岩类孔隙含水岩组；2—碳酸盐岩类裂隙溶洞含水岩组；3—碎屑岩类孔
隙裂隙含水岩组；4—岩浆岩变质岩类裂隙含水岩组；5—岩浆岩类风化裂隙含水岩组；
6—地质界线；7—断裂；8—泉点；9—河流；10—地下水流向。

图 6-14　赣州禾丰盆地北北西向 _B-B′_ 剖面地下水循环示意图

　　地下水化学特征分析。对采取的 31 个民井水样、9 个钻孔水样、3 个泉
水样和 3 个地表水样进行水化学全分析测试，通过分析地下水水化学离子特
征，对禾丰盆地地下水循环特征进行研究。由图 6-15 所示的 Piper 三线图可
知，盆地内地表水化学类型以 HCO_3-Ca 型为主，地下水化学类型以 HCO_3-
$Na \cdot Ca$ 型和 HCO_3-Ca 型为主。Gibbs 图（见图 6-16）通过 $Na^+/（Na^+ +$
$Ca^{2+}）$ 和 $Cl^-/（Cl^- +HCO_3^-）$ 比值来反映受降水、蒸发、岩石风化控制的水
化学过程，由图可以看出，盆地内的地下水主要受水岩相互作用控制。

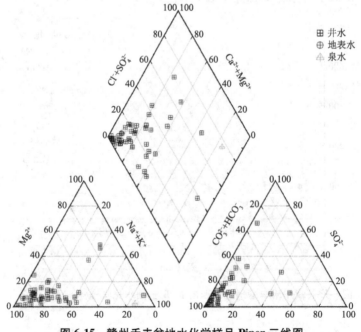

图 6-15　赣州禾丰盆地水化学样品 Piper 三线图

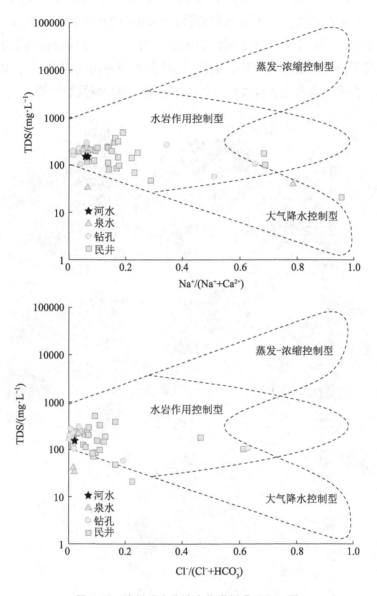

图 6-16　赣州禾丰盆地水化学样品 Gibbs 图

　　利用 ArcGIS 10.7 的反距离权重法绘制禾丰盆地水文地球化学元素空间分布图（见图 6-17），从图中可看出主要阳离子 Na^+ 和 K^+ 都富集于盆地中部，整体呈现由四周往中部富集的趋势，高值点基本集中在人类聚集点，阴离子 NO_3^- 和 Cl^- 也呈现由四周往中部富集的趋势。其他水化学指标如 TDS

（总溶解性固体）对人类活动指示性较强，其浓度变化呈现往盆地中部富集，并且盆地西翼浓度高于东翼的趋势；H_2SiO_3 的富集规律与岩浆岩的分布关系密切，主要富集于盆地南部岩浆岩分布区，并且呈沿着地表水流方向往河流下游逐渐富集的趋势；盆地内 pH 呈现由东南往西北 pH 逐渐增高的趋势，表明盆地内地下水由东南往西北水质逐渐变碱性的趋势。

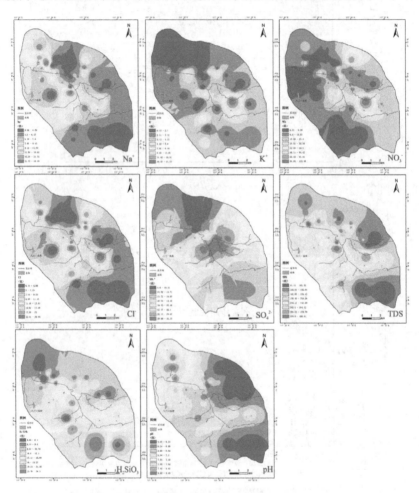

图 6-17 赣州禾丰盆地主要水化学指标空间分布图

基于流域地下水化学特征分析，揭示禾丰盆地水循环转换宏观特征。结合 40 个地下水样、3 个泉水样和 3 个地表水样的测试分析结果进行数理统计分析。盆地内浅层地下水 pH 值的变化范围为 5.57～9.87，平均值为 6.86；TDS 为 21.0～500 mg/L，平均值为 177.20 mg/L。在松散岩类孔隙水、碳酸盐岩类裂隙溶洞水、基岩裂隙水及地表水四类水样中，阳离子平均质量浓度由高到低均为 $Ca^{2+}>Na^+>Mg^{2+}>K^+$，阴离子中离子平均质量浓度由高到低为 $HCO_3^->NO_3^->SO_4^{2-}>Cl^-$（质量浓度排序在不同水样中有所差异）；基岩裂隙水和碳酸盐岩类裂隙溶洞水样中离子的空间变异性表现较强，这可能与地下水在不同岩体径流过程中，水岩相互作用使水样间的离子浓度差异较大有关。

通过主成分分析可知，第一个主成分与 Ca^{2+}、Na^+、SO_4^{2-}、Cl^- 有较高的相关性，表明盆地内 TDS 的含量变化主要和这 4 种离子有关，并呈正相关。第二个主成分与 Mg^{2+}、K^+、HCO_3^- 有较高的相关性，表明盆地内白云石溶解强烈。由此可以看出，除了人类活动影响外，控制盆地水化学主要组分水化学的作用是碳酸盐岩的风化溶解；结合 Gibbs 图和离子来源分析可知，盆地内主要的水化学作用为水岩相互作用。

在地下水补径排特征研究的基础上，结合地下水水化学分析测试数据，从剖面线上和平面上分析地下水的循环特征。禾丰盆地水化学特征显示，盆地内的地下水径流方向也为由四周往中部汇集，沿地下水径流方向，水化学离子浓度呈现明显上升的趋势。剖面上显示，地下水循环模式可分为浅层和中-深层两种模式。浅层地下水主要由松散孔隙水和风化裂隙水组成，直接接受大气降水入渗补给，沿地势降低方向径流，径流途径短，主要在地面低洼处形成下降泉排泄，或者直接排泄补给地表水；中-深层地下水主要由覆盖型岩溶水和构造裂隙水组成，由裂隙获得地下水侧向补给，间接获得大气降水补给，主要沿层间空隙、溶蚀管道和裂隙往盆地中部的向斜轴部径流，最终在隔水断裂和非可溶岩接触带上受阻隔，向上运移形成上升泉或顶托第四系松散层呈片状排泄于地表。地表水与地下水交换主要发生在禾丰河附近。

6.3　地下水分层采样监测应用

6.3.1　禾丰盆地水循环监测网络

禾丰盆地水循环监测网络主体由遥感综合监测、地质剖面控制、大气降雨监测、地表河流监测、地下水监测井、地下水环境分层监测井及监测网络信息管理系统构成，如图 6-18 所示。

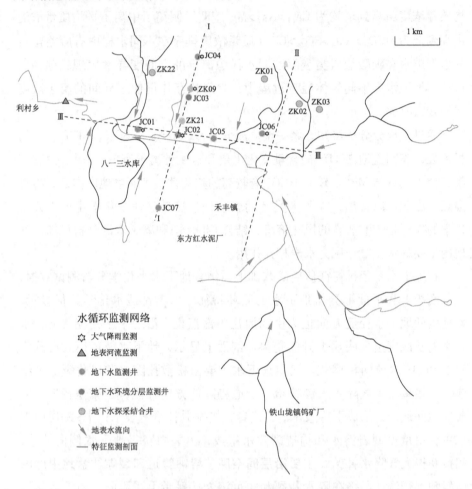

图 6-18　赣州禾丰盆地水循环监测网部署图

气象监测主要对大气降水量进行实时监测。采用 TP-120 型翻斗式降雨量传感器远程观测，降雨量分辨率为 0.2 mm（6.28 mL）。

地表河流监测对流域内主干河流的地表水位与断面流量进行实时监测。采用雷达流速仪 DX-LLX、非接触式雷达水位计 DX-WLX，断面流速测量精度为±0.01 m/s，水位测量精度为±3 mm。基于多普勒效应原理，根据水面电磁波频率偏移得到水面流速值，结合河道地形换算为断面流量值。河流水下断面地形测量采用美国智能多频走航式声学多普勒流速剖面仪（SonTek River Surveyor M9/S5），并对河流监测值进行定期标定，以观测基地在禾丰河干流河道的流域边界的位置部署。

地下水监测为观测基地工作的重点。技术手段包括针对浅层第四系松散孔隙水的地下水动态监测井、深层基岩裂隙水和岩溶水的地下水探采结合井 ZK09、ZK21、ZK22，地下水水质多参数自动化监测站 JC01、JC02、JC04、JC05、JC06、JC07，以及地下水环境分层监测井 JC03，观测基地结合禾丰盆地已有探采结合井及机井控制 50 m 以深的地下水含水层，重点针对水循环转换强烈的浅层地下水部署专用地下水动态监测井（见表 6-3）。其中，水质多参数自动化监测站监测地下水位、水温、pH、DO，采用太阳能供电系统野外供电，通过模数转换器和数据采集卡进行监测数据实时采集，通过 GPRS 无线通信网络远程传输至终端信息管理系统。此外，针对地表水地下水入渗转化、不同深度地下水水质变化情况，部署地下水环境分层监测井 JC03。

水循环监测网络信息管理系统，基于 SOA 软件构架，实现硬件软件互联。系统由多处野外监测终端、GPRS/4G 等通信网络、监测系统接收移动端（手机、电脑）、监测系统终端数据中心（工作站）等构成，集原位监测感知、远程多源信息汇集传输、移动端实时快速查询、终端数据中心分析管理于一体。

表 6-3　禾丰盆地地下水监测井基本情况

钻孔编号	孔深/m	地下水埋深/m	单位涌水量/$(m^3 \cdot d^{-1} \cdot m)$	渗透系数 K/$(m \cdot d^{-1})$
JC01	18.20	2.88	35.350	2.7700
JC02	14.50	1.96	4.690	0.4600
JC03	17.70	2.03	—	—
JC04	39.00	28.64	—	—
JC05	28.00	3.41	1.220	0.4100
JC06	6.30	1.21	—	—
JC07	32.00	—	—	—
ZK09	82.70	0.90	68.640	1.3400
ZK21	101.60	2.80	82.350	1.2600
ZK22	80.50	5.34	0.079	0.0011

禾丰盆地地表水与地下水循环转换明显，主要体现在两个方面。第一，体现在大气降水驱动下河流水位与地下水位动态变化趋势保持一致（见图6-19）。枯水期盆地水循环以地下水补给地表水为主要模式，受间歇性大气降水影响。图6-20显示了河流水位与临近地下水监测井水位的对比关系。受强降水作用，河流水位达到相对高点，单日上涨0.2 m；地下水位稍后同步达到高点，两眼监测井地下水位均上涨0.2 m左右。河流水位与地下水位涨落趋势及幅度、曲线形态变化等基本一致。第二，体现在水位相关系数分析。通过皮尔森相关系数分析可知，地下水动态监测井JC01与河流水位时间序列对比的相关系数为0.57，显示出较强的相关性；偏盆地中游的地下水动态监测井JC05与河流水位时间序列对比的相关系数为0.72。

从水循环转换量及转换方向来看，大气降水期间，地表水与地下水整体接受补给，水位涨幅及同步响应时间明显。枯水期非降雨期间，受地表河流水位低于地下水位的高程差控制，水循环转换方向为地表水接受地下水补给。1—3月，地下水对地表水的补给转换量呈现总体略微加强的大趋势。具体来看，3月13日的降雨导致地表径流快速汇入禾丰河，地表水水位突然抬升，导致地下水对地表水的补给作用迅速减弱。在降雨退水后，地下水对地表水的补给作用又恢复到较高水平。同样的趋势也体现在2月15日的降雨事件中，地下水对地表水的循环转换量先降后升。图6-21通过地表河流水位与地下水动态监测井JC01地下水位差值的动态变化曲线，揭示了水储量受蒸散发作用呈逐渐减少的趋势，也呈现了水储量在大气降水影响下同步快速增加的客观规律。

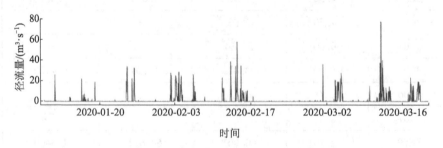

图6-19　赣州禾丰河断面流量变化特征

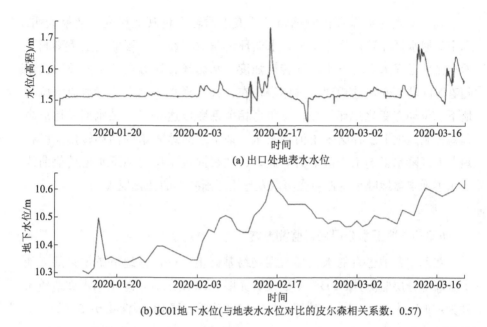

(a) 出口处地表水水位

(b) JC01地下水位(与地表水水位对比的皮尔森相关系数：0.57)

(c) JC05地下水位(与地表水水位对比的皮尔森相关系数：0.72)

图 6-20　赣州禾丰盆地地表水与地下水水位对比关系及相关系数特征

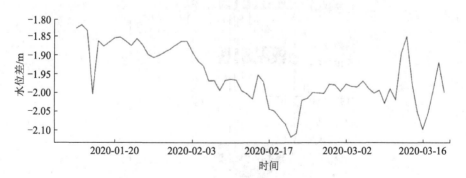

图 6-21　赣州禾丰河地表水位与地下水位的水位差

基于构建的水循环监测网络，开展水循环定量观测研究。结果表明，禾丰盆地水循环转换规律明显，水循环观测数据在一定程度上定量刻画了禾丰盆地地表水与地下水循环转换强度、水循环转换方向及水循环转换量随着时间动态变化的规律。具体表现在，大气降水驱动下地表河流水位与地下水位动态变化规律一致，皮尔森相关系数可达 0.72。枯水期受地形高程差控制，地下水补给禾丰河地表水；地下水对地表水的循环转换强度在短期大气降水影响下先降后升。此外，地表河流水位与地下水位差值曲线揭示了禾丰盆地陆地水储量受蒸散发作用逐渐减少的变化规律。

6.3.2　地下水分层采样监测方案

在禾丰盆地已有的水循环监测网络基础上，选择盆地下游位置部署地下水环境分层监测井 JC03，参数设置如图 6-22 所示。场地基本水文地质条件为：地下水位 2.03 m，地层岩性第四系砂砾石层 Qh 埋深 4.0~5.1 m，灰岩强风化带分布于 5.1~6.6 m，以下至孔底均为石炭系黄龙组（C₂h）灰岩，岩溶较发育，富水性较好。根据地层条件设计地下水环境—孔三层监测，具体方案见表 6-4。其中，埋深 3~4 m 区段监测第四系松散孔隙水；埋深 5~6 m 区段控制第四系与灰岩强风化带水质交互界面；埋深 15~16 m 区段监测岩溶水，终孔孔深 17.7 m。

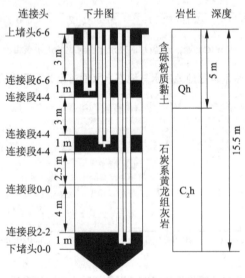

图 6-22　赣州禾丰盆地地下水分层快速采样监测井设计图

综上所述，针对水循环要素及多种技术手段，观测基地初步构建了禾丰盆地水循环监测网络。水循环监测网络包括：5 处大气降水监测点、1 处地表河流监测站点、6 眼地下水探采结合井（深层）、6 眼地下水动态监测井（浅层）、5 处地下水水质多参数（水位、水温、pH、DO）自动化监测站、1 眼地下水环境 U 形管分层监测井（一孔三层地下水分层采样监测）。此外，还通过水位统测揭示流域地下水流场及地下水动态变化，通过物探解译联合钻孔信息精细表征地层特征剖面 Ⅰ、Ⅱ。

表 6-4　赣州禾丰盆地一孔三层设计方案（φ75）

	地下水分层 层位控制设定	深度/ m	地层岩性	地下水额定 取样量/L
第一层	第四系含水层	4	0~1.4 m 第四系黏土，1.4~7.8 m 第四系砂砾石层，地下水位 2.03 m	1
第二层	第四系与基岩风化壳界面，间隔 4 m	8	7.8~8.5 m 石炭系黄龙组灰岩（C_2h）强风化带	1
第三层	石炭系灰岩基岩裂隙水，间隔 8 m	16	8.5 m 以深未揭穿，为石炭系黄龙组中风化灰岩（C_2h）	1

6.3.3　地下水分层采样监测设备场地应用

场地岩性简要情况如下：0~8 m 为含砾粉质黏土（第四系），8~8.2 m 为石炭系黄龙组灰岩，8.2~12 m 为溶洞（淤泥与中粗砂充填），12~13.3 m 为石炭系黄龙组灰岩，13.3~19.2 m 为溶洞（中粗砂充填），19.2~34.5 m 为白云质灰岩，34.5~46.8 m 为灰岩，46.8~48 m 为溶洞（少量粗砂充填清水钻进，漏水严重，判断下部岩溶管网通道发育，储水空间大），48 m 以深未揭穿，为灰岩。

禾丰盆地流域水文地质调查与水循环监测网络如图 6-23 所示。

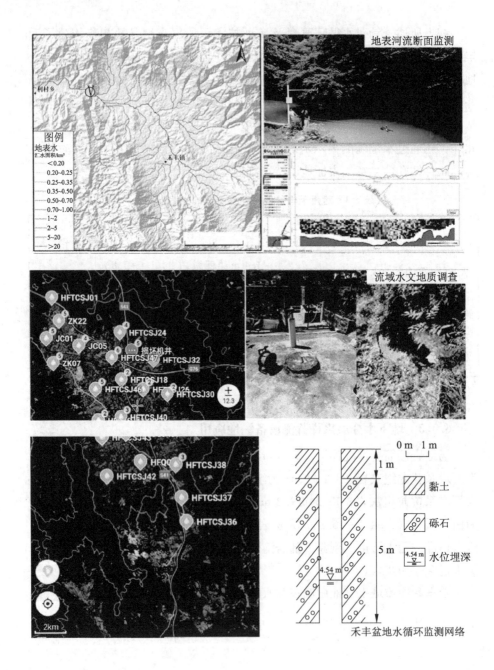

禾丰盆地水循环监测网络

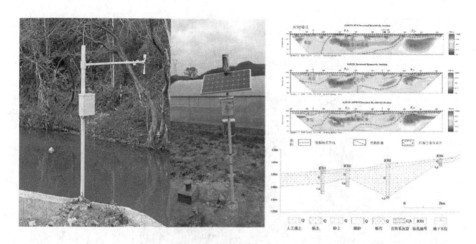

图 6-23 赣州禾丰盆地流域水文地质调查与水循环监测网络

场地调查的地下水分层快速采样深度依次为 6，8，10，12，16，20 m，单层采样容积为 1 L，六层同时驱替采样时间为 2 min。验证设备现场采样作业状态及各层位地下水样品如图 6-24 所示。

(a) 地下水分层采样设备现场安装

(b) 地下水分层采样设备快速采样

图 6-24　赣州禾丰盆地地下水分层快速采样设备现场安装与快速采样

　　按一孔三层进行分层快速采样，验证地下水采样容积在 1 L 以上，地下水多层快速采样总时间控制在 60 min 以内。对照课题任务书验证地下水采样深度、地下水采样容积、地下水分层采样层数和地下水分层快速采样效率。

　　在江西赣州禾丰盆地示范一孔三层地下水分层快速采样。其中，井深 17.7 m，该场地地下水的最大采样深度为 16 m（采样深度验证指标）。一孔三层分别控制 4 m 埋深的第四系含水层、8 m 埋深的第四系与基岩风化壳界面、16 m 埋深的第三层石炭系灰岩基岩裂隙水（见表 6-5）。

表 6-5　地下水分层快速采样验证测试

点位	地下水分层层位控制设定	深度/m	地层岩性	取样压力/MPa	保压压力/MPa	取样时间/min	取水量/mL
第一层	第四系含水层	4	0~1.4 m 为第四系黏土，1.4~7.8 m 为第四系砂砾石层，地下水位为 2.03 m	0.5	0.2	15	1000

续表

点位	地下水分层层位控制设定	深度/m	地层岩性	取样压力/MPa	保压压力/MPa	取样时间/min	取水量/mL
第二层	第四系与基岩风化壳界面，间隔4 m	8	7.8~8.5 m为石炭系黄龙组灰岩（C_2h）强风化带	0.5	0.2	15	1100
第三层	石炭系灰岩基岩裂隙水，间隔8 m	16	8.5 m以深未揭穿，为石炭系黄龙组中风化灰岩（C_2h）	0.5	0.2	15	1300

在验证指标地下水分层采样效率方面，地下水多层同时驱替分层快速采样，地面取样压力设置为0.5 MPa，控制面板背压阀组件背压为0.2 MPa，验证地下水多层快速采样总时间控制在20 min以内。

6.4　本章小结

水是基础性的自然资源。南方长江中游自然水旱灾害、旱涝急转等加剧，水资源供需矛盾与地下水合理开发利用，水资源与经济社会协调可持续发展的矛盾日益凸显。为阐述地下水分层快速采样监测技术在水循环与水文地质领域的典型应用，本章选取鄱阳湖水系赣州禾丰盆地水循环野外科学观测基地，简述流域水文地质条件、流域尺度水循环观测网络构建，并进一步阐述场地尺度地下水分层采样监测应用、大气降雨-地表水-地下水循环转换观测及地下水化学揭示水循环转换研究。

第7章

地下水分层采样监测技术应用之二：
场地土壤与地下水污染调查

7.1 场地概况

安陆生活垃圾填埋场位于湖北省孝感市安陆市，距安陆市区中心东南向 15 km。西邻府河，东近磔子河。市区及周边有福银高速、安卫铁路、国道 G316、国道 G70、省道 S43 等多条线路连通，交通便利。场区自南向东依次布置了填埋库区、污水处理区和调节池，生活管理区布置在场区北侧。

该山谷型填埋场场区总征地面积为 14.67 万 m^2。原整体地形西南高东北低，规划用地范围内主要有垃圾填埋区和渗滤液处理区两大区域。其中，渗滤液处理区又分为渗滤液调节池和渗滤液处理站两个亚区。

7.1.1 气候气象

该填埋场地位于安陆市城区东南，区域上属于北亚热带季风气候区，气候特征为春秋短、冬夏长，四季分明，夏季炎热多雨。近 30 年年平均降水量为 1081 mm，月平均降水量为 20.8~213.1 mm，月最大降水量为 579.3 mm，年平均气温为 16.0 ℃，一月平均气温为 3.2 ℃，七月平均气温为 28 ℃，全年各月平均气温为 3.2~28 ℃。最为突出的气象灾害是倒春寒、雷雨、大风、干旱等。全市春、秋、冬季以偏北风为主，夏季多南风，西风最少。

区域最大河流为府河，属于长江北岸的一级支流，从全境穿过，从北至南汇入长江，长 49.7 km，境内流域面积为 677 km^2，年均径流量为 3570 m^3/s，主要支流有漳河、清水河、磔子河及 80 条四级河。区域内府河流域面积为 677 km^2，占 50.6%；漳河流域面积为 232 km^2，占 17.7%；磔子河流域面积为 100 km^2，占 0.7%；清水河流域面积为 16 km^2，占 0.1%。

主要河道有二级河府河、漳河，总长 78.7 km；三级河磙子河、清水河，总长 28 km；四级河 120 条，总长 690 km。河网密度为 0.6 km/km^2，径流总量为 5×10^9 m^3，年排涝量为 1.45×10^{10} m^3，年最大排涝量为 1.8×10^{10} m^3。

7.1.2　地形地貌

区域地形地貌的典型特征为低山过渡到平原地貌的山前转换带。区域处于大别山西南麓与江汉平原交接地带，地势整体北高南低，由中低山地貌过渡到平原地貌，场地西北部 30 km 处的白兆山海拔较高，为区域主要水源补给区，属于构造侵蚀剥蚀低山地貌，主要由震旦系-寒武系碳酸盐岩、硅质岩及板岩控制，呈低山形态，高程分布为 130~394 m，地形切割深，山体坡度大于 28°，海拔最高点位于大安村以北约 0.5 km，海拔高 394 m，该区内受北西-南东轴面复向斜控制，山脊多与向斜走向一致。

场区属于剥蚀堆积垅岗地貌，填埋场位于府河和磙子河分水岭最高处，周边地势低处过渡为平原。岩层主要由玄武岩、白垩系红层及第四系中更新统组成，地势较高处基岩出露，表层为薄层风化残积层覆盖。周边表现为低垅岗-坳沟地貌，地形坡度在 5°~10°，较平缓，出露高程为 45~60 m，多为第四系中更新统黏土覆盖，下伏基岩主要为红层及玄武岩。填埋场地最高点在最南端，高程为 71 m；最低点位于北东角，高程为 51 m。场地的东、西两侧分别为府河流域和磙子河流域的河流堆积冲积平原，高程为 30~50 m，由于河流规模和地势特点，可进一步划分为河漫滩（30~35 m）、一级阶地（35~40 m）和二级阶地（40~45 m），主要由第四系冲洪积相松散堆积物组成。

7.1.3　地质与构造

1. 地质构造

填埋场所在区域位于秦岭褶皱系与扬子准地台交界处，属于江汉平原的盆地北缘范围，也是四级构造单元云应凹陷和应山褶皱束的镶接部位。燕山期之后的构造运动造成了本区迭置关系有别的各级阶地，形成了区域以 NW 向为优势方向的断裂构造，次为 NE、NNE 向。填埋场正处于较稳定的红层盆地北东部，白垩系公安寨组地层未受区域断裂构造影响，较为平缓，略微向南西的盆地中心倾斜，倾角不超过 20°。但填埋场下伏的玄武岩夹层因冷却作用形成密集气孔和柱状节理，后又受到喜马拉雅构造运动应力影响形成北西向较为发育的多组节理裂隙，露头可见裂隙，密度为 2~3 条/米，多被方解石和高岭土填充，宽约 1 cm，易形成沿玄武岩夹层的导水通道。

2. 地质条件与出露地层

场地周边主要出露的地层有第四系全新统、更新统及白垩系公安寨组和白垩系玄武岩，区域地层分布情况见表 7-1，水文地质调查照片如图 7-1 所示。

表 7-1　安陆生活垃圾填埋场周边出露地层

地层时代				代号	岩性描述
界	系	统	层组		
新生界	第四系	全新统		Qh	冲积、湖积、湖积冲积；细砂、淤泥、亚砂土、亚黏土及淤泥质黏土。下部为砂砾石
		上更新统		Q_{P_3}	以一套冲积、冲积洪积相形成的黄褐黏土、亚黏土及砾石层为主。上部亚黏土、黏土偶夹泥炭层，含铁锰质结核，广泛含有的姜结石为该层主要特征，该层黏土、亚黏土较致密，局部见垂向裂隙，由于淋滤作用裂隙面多形成黑褐色铁锰质薄膜，在开挖切坡处沿裂隙冲刷形成高低相间的沟槽；下部为砂砾或黏土砾石层，砾石成分多以石英、长石为主，具冲积相的二元结构
		中更新统		Q_{P_2}	以一套冲积、湖积冲积、冲积洪积相形成的红色黏土及砾石层为主。自上而下大致可分为两层：上部为棕红色-砖红色黏土，成分以红色黏土矿物为主，由于淋滤作用表层颜色一般退变为棕红-棕黄色，局部具网纹状构造，成分以水云母、蒙脱石、高岭土等黏土矿物为主，顶部可见少量铁锰质结核。土体结构致密，透水性差，富水性差。下部以砾石层为主，其在府河以西多表现为砂砾石层，层间红色砂土夹白色网纹状黏土，固结程度一般，砾石多为石英、长石等，分选中等，砾径 3~10 cm，呈次圆状；府河以西多表现为泥砾，砾石成分相似，胶结物为褐红色-褐黄色黏土，胶结致密。该层在空间分布上还呈现自北向南渐薄的特征，推测北部为汉江经鄂北丘陵处出口，易形成冲积相砂砾、泥砾结构，向南逐渐进入盆地中心后多以静水沉积相为主
	白垩系	下统	公安寨组	K_2E_1g	以紫红色砂岩、砂砾岩、泥质粉砂岩为主。上部为灰绿色泥岩紫红色砂质泥岩、粉砂岩互层，局部含灰白色长石砂岩、含砾砂岩、薄层石膏。中部广泛为紫红色、砖红色中-厚层粉砂岩和泥质粉砂岩，偶夹灰白色钙质砂岩，该段岩性的显著特征为夹多层玄武岩，玄武岩与红层间形成平行不整合接触，为多起喷发与红层同期沉积产物。底部为暗红色砾岩、细砂岩、泥质粉砂岩、黄绿色黏土岩层成两个旋回，底部均为砾岩，但岩性差异较大，第一套出露于白兆山南部山麓一线，砾石多以不具磨圆的近源堆积灰岩、白云岩、硅质岩为主，第二套砾岩出露于雷公镇周边，砾石成分多以磨圆-次圆状石英、长石为主。两台旋回之间存在沉积间断

(a) 白垩系公安寨组上部红色砾岩　　　(b) 白垩系旋回沉积间断：砾岩砂岩黏土岩

(c) 白垩系公安寨组中段红色层状砾岩　　　(d) 玄武岩压盖白垩系红色砂岩

(e) 玄武岩与白垩系红色砂岩接触面（白色条带）　　(f) 玄武岩与白垩系红色砂岩界限

图 7-1　安陆生活垃圾填埋场水文地质调查照片（K_2E_1g 红砂岩与 β 玄武岩露头）

（1）第四系全新统。

以一套冲积、湖积、湖积冲积相形成的细砂、淤泥、亚砂土、亚黏土、淤泥质黏土及砂砾石为主。下部为砂砾石，主要分布于府河及一级阶地内。二元结构特征明显，透水性较好。全新统河流冲积相主要分布在府河、澴水河漫滩及一级阶地，上部以灰黄色亚砂土、深褐色亚黏土为主，以及细砂、淤泥及淤泥质黏土，可见铁锰质结核；中部岩性以含砾中砂为主；下部岩性为砂砾石，砾石主要成分为石英。该层厚度为 10～30 m，从北向南，逐渐增厚。

（2）第四系上更新统。

以一套冲积、冲积洪积相形成的黄褐黏土、亚黏土及砾石层为主。上部亚黏土、黏土偶夹泥炭层，含铁锰质结核，广泛含有的姜结石为该层主要特征，该层黏土、亚黏土较致密，局部见垂向裂隙，由于淋滤作用裂隙面多形成黑褐色铁锰质薄膜，在开挖切坡处沿裂隙冲刷形成高低相间的沟槽；下部为砂砾或黏土砾石层，砾石成分多以石英、长石为主，具冲积相的二元结构。

（3）第四系中更新统。

以一套冲积、湖积冲积、冲积洪积相形成的红色黏土及砾石层为主。自上而下大致可分为两层：上部为棕红色-砖红色黏土，成分以红色黏土矿物为主，由于淋滤作用表层颜色一般退变为棕红-棕黄色，局部具网纹状构造，成分以水云母、蒙脱石、高岭土等黏土矿物为主，顶部可见少量铁锰质结核。土体结构致密，透水性差，富水性差。下部以砾石层为主，其在府河以东多表现为砂砾石层，层间红色砂土夹白色网纹状黏土，固结程度一般，砾石多为石英等，分选中等，砾径 3~10 cm，呈次圆状；府河以西多表现为泥砾，砾石成分与府河以东相似，但不具磨圆，胶结物为褐红色-褐黄色黏土，胶结致密。该层在空间分布上还呈现自北向南渐薄的特征，推测北部为汉江经鄂北丘陵处出口，易形成冲积相砂砾、泥砾结构，向南逐渐进入盆地中心后多以静水沉积相为主。

（4）白垩系公安寨组。

K_2E_1g 主要分布在场地北东缘和南侧，府河、磙子河两岸，岩性以紫红色砂岩、砂砾岩、泥质粉砂岩为主。上部为灰绿色泥岩紫红色砂质泥岩、粉砂岩互层，局部含灰白色长石砂岩、含砾砂岩、薄层石膏。该段岩性多为第四系所覆盖。中部广泛为紫红色、砖红色中-厚层粉砂岩和泥质粉砂岩，偶夹灰白色钙质砂岩，该段岩性的显著特征为夹多层玄武岩，玄武岩与红层间形成平行不整合接触，为多起喷发与红层同期沉积产物。底部为暗红色砾岩、细砂岩、泥质粉砂岩、黄绿色黏土岩层成两个旋回，底部均为砾岩，但岩性差异较大，第一套出露于白兆山南部山麓一线，与寒武系地层角度不整合接触，砾石多以不具磨圆的近源堆积灰岩、白云岩、硅质岩为主，第二套砾岩出露于雷公镇周边，砾石成分多以磨圆-次圆状石英、长石为主。两台旋回之间存在沉积间断。

（5）玄武岩。

在府河两岸和安陆市周边分布着白垩系时期喷出的玄武岩，呈层状喷发展布，与白垩系公安寨组互层。整体上沿北西-南东走向多期次断续出露，其沿走向多处零散出露岩层可归并为同一层，其局部由于构造、剥蚀作用受红层及第四系掩埋，可能与同层两侧玄武岩在深部相连。该层玄武岩与上下红层形成平行不整合接触，表现出似层状沉积特征，加之岩体节理裂隙、气孔孔洞发育，构成裂隙承压含水结构。钻孔共揭露 3 层玄武岩夹两层泥质粉砂岩，其抽水降深为 18.49 m，流量为 52.70 m³/d，渗透系数为 0.97 m/d，推算单井最大涌水量为 79.05 m³/d，水量贫乏。

7.1.4 地块污染历史

安陆市城区生活垃圾填埋场为山谷型填埋场，场区总征地面积为 14.67 万 m²（220.05 亩），其中填埋库区为 8.02 万 m²，有效库容为 168 万 m³，平均处理规模为 300 t/d，设计使用年限为 15 年。库区四周设置了截洪沟，以实现雨污分流。填埋场于 2010 年 6 月建成投入使用，现已停止垃圾进场，结束垃圾处置使命。填埋场自 2018 年起具有完整填埋记录，2018 年、2019 年、2020 年及 2021 年填埋的垃圾量分别为 118912，120339，117837，70966 t，共计 42.8 万 t。据了解，2018 年前垃圾填埋量约为 300 t/d，2010 年 6 月—2017 年 12 月共计填埋垃圾约 82.1 万 t。据此，安陆生活垃圾填埋场自运行共计填埋垃圾约 124.9 万 t。

为保持场内工作环境，在库区和生活管理区之间设置绿化隔离带。填埋库区底部采取 GCL（4800 g/m²）+1.5 mm 厚 HDPE 膜复合防渗处理方案。原整体地形为西南高、东北低，规划用地范围内主要有垃圾填埋区和渗滤液处理区两大区域，渗滤液处理区又分为渗滤液调节池和渗滤液处理站两个亚区，且由于运行过程中渗沥液消减量不足，在红线范围内增设了三座渗沥液暂存池。填埋场地库区现状如图 7-2 和图 7-3 所示。

图7-2　安陆生活垃圾填埋场地库区现状

图7-3　安陆生活垃圾填埋场地库区少许垃圾裸露

　　填埋场对水体产生的污染主要来自垃圾渗滤液。这是垃圾在堆放和填埋过程中由于发酵、雨水淋溶及地表水、地下水浸泡而渗滤出来的污水。渗滤液成分复杂，其中含有难以生物降解的萘、菲等芳香族化合物，氯代芳香族化合物，磷酸酯和邻苯二甲酸酯，酚类和苯胺类化合物等。渗滤液对地表水的影响会长期存在，即使填埋场封闭后一段时期内仍有影响。渗滤液对地下水也会造成严重污染，主要表现为使地下水水质混浊，有臭味，COD、三氮含量高，油、酚污染严重，大肠菌群超标等。

7.2 场地水文地质条件

7.2.1 安陆地区地下水背景值条件

水质优良的区域占总面积的 4%，分布于市区北西和北东的府河上游低山区；水质良好的区域占总面积的 59%，分布于山前-河谷平原的丘陵岗地过渡带；水质较差的区域约占 25.4%，多分布于水系周围及居民聚居地（市区附近）；水质极差的区域约占 11.6%，该区域多种污染并存，地下水污染较重，受人类活动影响较大，整体水质较差。与《地下水质量标准》（GB/T 14848—2017）对比，工作区地下水水质监测点中超标的因子包括 SO_4^{2-}、NO_3^-、NO_2^-、Fe 和 Mn 5 种。其中，Fe 含量超标尤为严重，超标率为 23%；NO_3^- 超标率为 19.54%；Mn 超标率为 17%；NO_2^- 超标率为 11.49%。除了这 5 种因子超标外，其他因子多满足Ⅳ类标准要求。Fe 和 Mn 含量超标严重与区域地下水背景值有关。氨氮的污染多分布于当地三大水系附近的河流阶地及第四系松散沉积平原，人类聚居地多分布于此，此处地下水与地表水、地表污染物产生联系，受农业活动施肥、灌溉影响，地表水极易接受地表污染物以下与地下水交换。工作区水文地质单元地下水也受到一定程度的污染。SO_4^{2-} 含量超标主要与红层中膏盐段地层地下水原生环境有关。

填埋场所在位置存在水质较差的Ⅳ类连片分布，污染呈沿玄武岩带条快速径流传导，并沿地下水主流向西南向下游扩散的特征，在府河两岸迅速扩散。地下水化学空间分布特征反映了填埋场所在区域的地下水流向，以及地下水中元素在地层中迁移转化的路径，即填埋场防渗屏障失效导致地下水污染主体呈南西向迁移扩散，在下游南城办事处-巡店镇附近的府河段污染扩散。

7.2.2 地下水类型与动态变幅特征

场地地下水的形成和分布规律严格受自然条件、地层岩性及构造等因素控制。按赋存条件、水理性质及水力特征，地下水可分为松散岩类孔隙水、碳酸盐岩裂隙岩溶水和碎屑岩孔隙裂隙水三种类型。

区域地下水的动态特征为地下水相对较平稳、波动幅度不大，控制性因素主要为大气降雨、人类活动开采及地表水水位。控制因素以大气降雨为主，地下水水位与年度降雨呈正相关，特别是丰水期强降雨或连续降雨时，地下水水位则明显上升，而枯水期地下水水位明显下降。另外，因含水介质与地下水类型不同，与地表水之间的水利联系也不同，地下水水位受降雨影响的波动幅度各异，如红层碎屑岩孔隙裂隙水受降雨影响的波动幅度小于松散岩类孔隙水和玄武岩孔隙裂隙水。其次为人类活动开采，如灌溉抽排，在耕种或浇灌季节时，受抽排影响，地下水水位明显下降，下降范围和幅度与抽排有关。最后是地表水水位，如府河两侧一级阶地的松散岩类孔隙水与府河水联通有关，地下水与地表水存在一定的贯通和互补关系。

7.2.3 流域水文地质结构及单元边界

填埋场流域水文地质结构为整体向南西倾斜的红层盆地，东侧边界为磜子河东岸的沿岸分水岭，西侧以府河为界，北侧边界及分水岭可延伸至云应盆地北缘的寒武系灰岩山区，也可能受断裂控制。南侧受填埋场边的含玄武岩红层控制，地形上表现为略高的岗地分水岭，地表径流汇入地下后一部分沿浅层第四系向南东、南西分别汇入磜子河和府河，一部分沿红层与玄武岩接触界面向西、西南侧向补给府河。填埋场位于盆地中心，地形北高南低，北侧为大别山南麓，南侧为云应盆地。地表大范围为红层碎屑岩夹玄武岩，北部有充沛的大气降水及地表水补给源，地下水总体流向为由北东向南西径流。

根据流域水文地质边界划分和水位统测结果（见图7-4）分析，场地位于地势高点，也是三条分水岭交界处，其南部的 AL09 点的水位为区域最高，达 45.75 m，西南府河边的 AL57 井点水位最低为 20 m，综合分析所有水位统测点，场地的正西向水力梯度最大，南东和南西方向次之。东侧虽存在一定的水力梯度，但东侧的地形相对平缓，所在小流域的汇流方向最终也向南汇入磜子河，所以相对来说是更次要的流向。综合水力梯度初步推测场地的地下水主要流向为西、南西和南东。

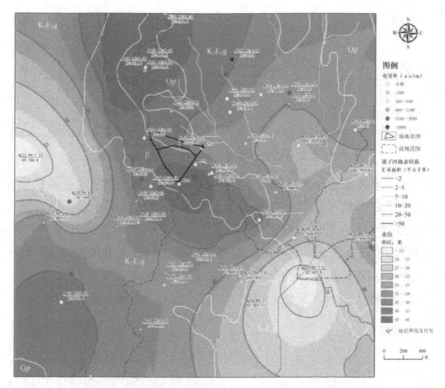

图 7-4 安陆生活垃圾填埋场地浅层地下水等水位线图

7.2.4 场地地下水流向精细解析

（1）填埋场处于三个小流域单元的分水岭，地下水流向为西、南东和南西。按控制因素划分如下：受水文地质结构控制，区域尺度地下水流向西南向 240°；受微地形控制及人工扰动影响，场地尺度东侧磜子河小流域地下水流向东南南约 120°，场地尺度西侧府河小流域地下水流向南西西约 260°。

（2）区域地下水流向为西南向 240°，钻孔 ZK02 地下水流速流向实测值为 239.39°。受水文地质结构控制，区域地形为东北高、西南低，岩层产状 200°∠20°（见图 7-5），赋存在相对含水层玄武岩中的地下水沿倾向西南，倾角 20° 的隔水底板径流（玄武岩与白垩系红层接触界面），区域地下水流向指向西南。据区域地下水水质分区资料显示，区域地下水主流向为西南。

（3）填埋场地处分水岭横跨多个小流域水文地质单元，受微地形控制影响，场地尺度东侧磜子河小流域地下水流向东南南，钻孔 ZKW04 地下水流速流向实测值为 99.95°，地下水等水位线指向约 120°。

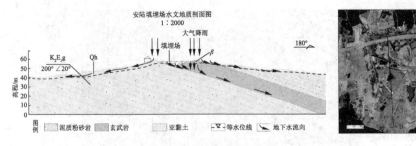

图7-5　安陆生活垃圾填埋场地典型水文地质剖面图

（4）填埋场地处分水岭跨西侧府河小流域水文地质单元，受微地形控制及人工采石削坡平整扰动影响，场地尺度小流域地下水流向西，钻孔ZKW03地下水流速流向实测值为266.57°，地下水等水位线指向约250°。受西侧开山采石及削坡平整场地扰动影响，西侧地下水力梯度增大、地下水径流加快，扰动条件下地下水流向呈向西偏移的趋势。

安陆生活垃圾填埋场地处分水岭，与地下水流场的对照关系如图7-6所示。

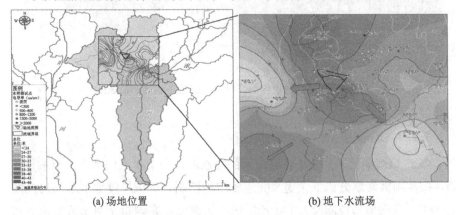

(a) 场地位置　　　　　　　　　　(b) 地下水流场

图7-6　安陆生活垃圾填埋场地处分水岭与地下水流场对照关系图

（5）填埋场防渗屏障失效致地下水高污染风险区推定为"南西西250°、东南南120°及所夹西南区域"，建议在填埋场下游沿地下水流向圈定的重点风险区设置防渗帷幕，以阻挡地下水污染扩散。推测填埋场东北侧地下水污染风险相对较小，但需控制地表污水沿东北方向排放及污水地表入渗影响。建议加强管控地表污水排放与污水入渗。

7.2.5　场地典型钻孔岩芯编录

安陆生活垃圾填埋场钻孔ZKW05地下水监测井柱状图如图7-7所示，

钻孔 ZKW06 岩芯编录见表 7-2。

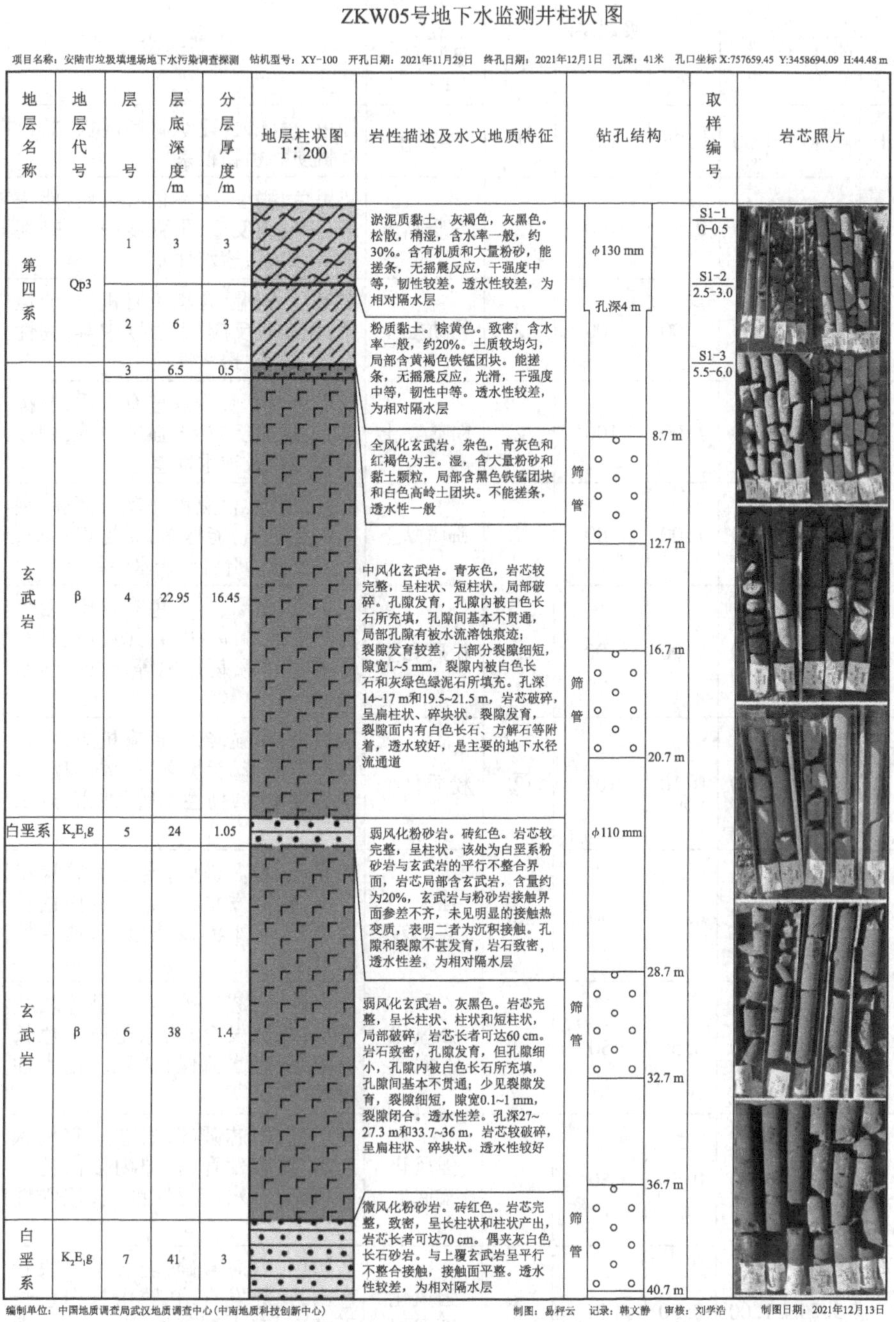

ZKW05号地下水监测井柱状 图

项目名称:安陆市垃圾填埋场地下水污染调查探测 钻机型号: XY-100 开孔日期: 2021年11月29日 终孔日期: 2021年12月1日 孔深: 41米 孔口坐标 X:757659.45 Y:3458694.09 H:44.48 m

地层名称	地层代号	层号	层底深度/m	分层厚度/m	地层柱状图 1:200	岩性描述及水文地质特征	钻孔结构	取样编号	岩芯照片
第四系	Qp3	1	3	3		淤泥质黏土。灰褐色, 灰黑色。松散, 稍湿, 含水率一般, 约30%。含有机质和大量粉砂, 能搓条, 无摇震反应, 干强度中等, 韧性较差, 透水性较差, 为相对隔水层	φ130 mm 孔深4 m	S1-1 0~0.5 S1-2 2.5~3.0	
		2	6	3		粉质黏土。棕黄色。致密, 含水率一般, 约20%。土质较均匀, 局部含黄褐色铁锰团块。能搓条, 无摇震反应, 光滑, 干强度中等, 韧性中等。透水性较差, 为相对隔水层		S1-3 5.5~6.0	
玄武岩	β	3	6.5	0.5		全风化玄武岩。杂色, 青灰色和红褐色为主。湿, 含大量粉砂和黏土颗粒, 局部含黑色铁锰团块和白色高岭土团块。不能搓条, 透水性一般	8.7 m		
		4	22.95	16.45		中风化玄武岩。青灰色, 岩芯较完整, 呈柱状、短柱状, 局部破碎。孔隙发育, 孔隙内被白色长石所充填, 孔隙间基本不贯通, 局部孔隙有被水流溶蚀痕迹; 裂隙发育较为, 大部分裂隙细短, 隙宽1~5 mm, 裂隙内被白色长石和灰绿色绿泥石所填充。孔深14~17 m和19.5~21.5 m, 岩芯破碎, 呈短柱状、碎块状。裂隙发育, 裂隙面内有白色长石、方解石等附着, 透水较好, 是主要的地下水径流通道	筛管 12.7 m 16.7 m 筛管 20.7 m		
白垩系	K₂E₁g	5	24	1.05		弱风化粉砂岩。砖红色。岩芯较完整, 呈柱状。该处为白垩系粉砂岩与玄武岩的平行不整合界面, 岩芯局部含玄武岩, 含量约为20%, 玄武岩与粉砂岩接触界面参差不齐, 未见明显的接触热变质, 表明二者为沉积接触。孔隙和裂隙不甚发育, 岩石致密, 透水性差, 为相对隔水层	φ110 mm		
玄武岩	β	6	38	1.4		弱风化玄武岩。灰黑色。岩芯完整, 呈柱状、柱状和短柱状, 局部破碎, 岩芯长者可达60cm。岩石致密, 孔隙发育, 但孔隙细小, 孔隙内白色长石所充填, 孔隙间基本不贯通; 少见裂隙发育, 裂隙细短, 隙宽0.1~1 mm, 裂隙闭合。透水性差。孔深27~27.3 m和33.7~36 m, 岩芯较破碎, 呈扁柱状、碎块状。透水性较好	筛管 28.7 m 32.7 m 36.7 m		
白垩系	K₂E₁g	7	41	3		微风化粉砂岩。砖红色。岩芯完整, 致密, 呈长柱状和柱状产出。岩芯长者可达70cm。偶夹灰白色长石砂岩。与上覆玄武岩呈平行不整合接触, 接触面平整。透水性较差, 为相对隔水层	筛管 40.7 m		

编制单位: 中国地质调查局武汉地质调查中心(中南地质科技创新中心)　　　　制图: 易秆云　记录: 韩文勰　审核: 刘学浩　　制图日期: 2021年12月13日

图 7-7 安陆生活垃圾填埋场地下水监测井钻孔柱状图

表 7-2　安陆填埋场地钻孔 ZKW06 岩芯编录表

回次编号	回次深度/m	回次深度/m	岩芯长度/m	采取率/%	分层编号	岩芯名称	岩芯描述
1	0.50	0.50	0.25	50	①	杂填土	棕色,稍湿,含建筑材料碎块、黑色有机质和植物根系
	1.00	0.50	0.50	100	②	粉质黏土	灰黑色,稍湿,含黑色有机质,能搓条,无摇震反应,干强度中等,韧性中等,致密,透水性差
2	2.00	1.00	1.00	100	②	粉质黏土	灰黑色,稍湿,含黑色有机质,能搓条,无摇震反应,干强度中等,韧性中等,致密,透水性差
3	3.00	1.00	1.00	100	②	粉质黏土	灰黑色,稍湿,含黑色有机质,能搓条,无摇震反应,干强度中等,韧性中等,致密,透水性差
4	4.00	1.00	1.00	100	②	粉质黏土	棕色,稍湿,含黑色铁锰质薄膜,夹黑色有机质,能搓条,无摇震反应,干强度低,韧性低,透水性差
5	5.00	1.00	1.00	100	②	粉质黏土	灰黑色,稍湿,含黑色有机质,白色高岭土条带,能搓条,无摇震反应,干强度中等,韧性中等,致密,透水性差
6	5.10	0.10	0.10	100	②	粉质黏土	灰黑色,稍湿,含黑色有机质,白色高岭土条带,能搓条,无摇震反应,干强度中等,韧性中等,致密,透水性差
	6.00	0.90	0.45	50	③	强风化玄武岩	灰黑色,岩芯破碎,岩芯呈碎块状产出,孔隙发育,孔隙内被白色长石填充,有水流侵蚀痕迹,透水性较好
7	7.00	1.00	0.50	50	③	强风化玄武岩	灰黑色,岩芯破碎,岩芯呈碎块状产出,孔隙发育,孔隙内被白色长石填充,有水流侵蚀痕迹,透水性较好
8	8.00	1.00	0.50	50	③	强风化玄武岩	灰黑色,岩芯破碎,岩芯呈碎块状产出,孔隙发育,孔隙内被白色长石填充,有水流侵蚀痕迹,透水性较好
9	9.00	1.00	0.50	50	③	强风化玄武岩	灰黑色,岩芯破碎,岩芯呈碎块状产出,孔隙发育,孔隙内被白色长石填充,有水流侵蚀痕迹,透水性较好

续表

回次编号	回次深度/m	回次深度/m	岩芯长度/m	采取率/%	分层编号	岩芯名称	岩芯描述
10	10.00	1.00	0.50	50	③	强风化玄武岩	灰黑色,岩芯破碎,岩芯呈碎块状产出,孔隙发育,孔隙内被白色长石填充,有水流侵蚀痕迹,透水性较好
11	11.00	1.00	0.50	50	③	强风化玄武岩	灰黑色,岩芯较破碎,呈扁柱状、碎块状产出。孔隙发育,孔隙内被白色长石填充,透水性较好
12	12.00	1.00	0.60	60	③	强风化玄武岩	灰黑色,岩芯较破碎,呈扁柱状、碎块状产出。孔隙发育,孔隙内被白色长石填充,透水性较好
13	13.00	1.00	1.00	100	④	中风化玄武岩	青灰色,岩芯完整,呈长柱状,分两段产出,下部长者可达 60 cm。孔隙发育,孔隙内被白色长石填充,透水性一般
14	14.00	1.00	1.00	100	④	中风化玄武岩	青灰色,岩芯完整,呈长柱状、柱状,分三段产出,中部长者可达 50 cm。孔隙发育,孔隙内被白色长石填充,透水性一般
15	15.00	1.00	0.95	95	④	中风化玄武岩	青灰色,岩芯较完整,呈柱状、短柱状产出。孔隙发育,孔隙内被白色长石填充,透水性一般
16	16.00	1.00	1.00	100	④	中风化玄武岩	青灰色,岩芯完整,呈长柱状、柱状,分三段产出,中部长者可达 40 cm。孔隙发育,孔径为 1~2 mm,部分孔隙内被白色长石填充,有水流侵蚀痕迹,透水性一般
17	17.00	1.00	1.00	100	④	中风化玄武岩	青灰色,岩芯完整,呈长柱状、短柱状,分三段产出,下部长者可达 40 cm。孔隙发育,孔径为 1~2 mm,部分孔隙内被白色长石填充,艰难裂隙发育,隙宽约 2 mm,倾角高陡,裂隙内被白色长石填充。有水流侵蚀痕迹,透水性一般
18	18.00	1.00	1.00	100	④	中风化玄武岩	青灰色,岩芯完整,呈长柱状、柱状,分三段产出,下部长者可达 40 cm。孔隙发育,孔径为 1~2 mm,部分孔隙内被白色长石填充,有水流侵蚀痕迹,透水性一般

回次编号	回次深度/m	回次深度/m	岩芯长度/m	采取率/%	分层编号	岩芯名称	岩芯描述
19	19	1	0.90	90	④	中风化玄武岩	青灰色,上部 60 cm 岩芯较破碎,呈碎块状产出,下部岩芯完整,呈长柱状,岩芯长达 40 cm。孔隙发育,孔径为 1~6 mm,部分孔隙内被白色长石填充,有水流侵蚀痕迹,透水性一般
20	20	1	0.90	90	④	中风化玄武岩	青灰色,岩芯较完整,呈柱状、短柱状产出;下部约 60 cm 处有一段 10 cm 岩芯呈碎块状产出。孔隙发育,孔隙内被白色长石填充,透水性一般
21	21	1	0.95	95	④	中风化玄武岩	青灰色,岩芯完整,呈长柱状、柱状,分三段产出,上部长者可达 40 cm。孔隙发育,孔径为 1~2 mm,见裂隙发育,隙宽为 1~5 mm,裂隙内被白色长石填充,透水性一般
22	22	1	1.00	100	④	中风化玄武岩	青灰色,岩芯较完整,呈柱状、短柱状产出。孔隙发育,孔隙内被白色长石填充,见闭合裂隙发育,透水性一般
23	23	1	0.90	90	④	中风化玄武岩	青灰色,岩芯较破碎,呈短柱状、扁柱状产出。孔隙发育,孔隙内被白色长石填充,见闭合裂隙发育,透水性一般

7.3 场地地下水分层采样监测应用

7.3.1 地下水分层采样设计方案

在安陆生活垃圾填埋场地调查工作的基础上,设计实施一孔六层地下水分层快速采样示范应用。安陆生活垃圾填埋场于 2010 年建成投入使用,占地面积为 14.67 万 m^2,渗滤液对地下水的污染影响长期存在,含有难以生物降解的萘、氯代芳香族化合物、磷酸酯、邻苯二甲酸酯、酚类和苯胺类化合物等,属有机物污染场地;地下水水质混浊,有臭味,COD、三氮含量高，油、酚污染严重，大肠菌群超标。场地调查揭示填埋场防渗屏障失效致地下水高污染风险区为"南西西 250°、东南南 120° 及所夹西南区域"。污染场地地下水 U 形管分层快速采样设备拟设置在地下水污染风险高的下游，距污染场地污染源 50 m 左右。

　　污染场地典型钻孔岩芯结构如下：0~6 m 为第四系黏土，6~6.5 m 为全风化玄武岩，6.5~38 m 为中风化–弱风化玄武岩，38 m 后见白垩系紫红色粉砂岩，未揭穿。地下水埋深约为 5.5 m，主要为基岩风化裂隙水，受上覆黏土层影响微承压。从空间位置来看，场地地下水下游污染风险大，选取距污染源下游（西南向 240° 左右）50 m 位置（参照规范）安装地下水分层监测井。从垂向深度来看，在地表入渗影响下浅层地下水污染风险大，宜加密间距进行分层采样。地下水埋深约为 5.5 m，故由地表往下，第一层地下水取样设置在 6 m 埋深处，控制第四系土壤与基岩全风化界面；第二至第四层地下水依次间距 2 m，埋深分别为 8，10，12 m；第五、六层地下水间距加大至 4 m，埋深为 16 m 和 20 m，如表 7-3 所示。

表 7-3　安陆生活垃圾填埋场一孔六层地下水分层采样设计（$\phi90$）

	地下水分层层数设定	深度/m	地层岩性	堵头设置	PVC 管
第一层	第四系与基岩风化壳界面	6	0~5.1 m 为粉质黏土；5.1~6.5 m 为全风化基岩；地下水位埋深约为 5.5 m	12 孔进样段+连接段	2 m+4 m
第二层	基岩裂隙水，间隔 2 m	8	强风化玄武岩	10 孔进样段	2 m
第三层	基岩裂隙水，间隔 2 m	10	强风化玄武岩	8 孔进样段+连接段	2 m
第四层	基岩裂隙水，间隔 2 m	12	中风化玄武岩	6 孔进样段	2 m
第五层	基岩裂隙水，间隔 4 m	16	中风化玄武岩	4 孔进样段+连接段	2 m+2 m
第六层	基岩裂隙水，间隔 4 m	20	中风化玄武岩	2 孔进样段	2 m+2 m

7.3.2　地下水分层采样设备现场安装

地下水分层监测井位于安陆市生活垃圾填埋场南侧，东侧约 70 m 处为监测井 ZKW04，东南侧约 90 m 处为监测井 ZKW03。地下水分层采样设备用于探测主要含水层，了解玄武岩体在场地南部的分布情况、厚度及含水结构。地下水分层监测井主要用作勘察井和监测井，地下水类型为潜水，水位埋深为 5.32 m。

该井开孔时间为 2021 年 11 月 29 日 12：30，竣工时间为 12 月 2 日 17：30，钻进 0.5 天，洗井与建井 0.5 天。洗井共有 3 次，第一次是在终孔后，利用钻机进行清水循环洗井，延续时间为 20 min，井水变清澈后停止；第二次和第三次是在完成建井后与取样前，利用抽水泵进行清水洗井，延续时间为 20 min，井水变清澈后停止，并且洗井后孔深不变，均为 23.0 m。

终孔深度为 23.0 m，成井深度为 18.0 m，开孔口径为 130 mm（0~3 m），终孔口径为 110 mm（3~23 m）。井口管径为 90 mm，下置深度为 18 m，0~6 m 为实管，筛管六层分别为 7~8 m、9~10 m、11~12 m、13~14 m、15~16 m 和 17~18 m。其中，筛管孔隙率为 30%，滤管内径为 90 mm，井管材质均为 PVC。

填砾材料主要为细砂，填砾段顶部深度为 5.0 m，底部深度为 23.0 m，填砾数量为 200 kg，填砾方法为利用水流沿管壁充填。止水材料为膨润土，止水段为从井深 5.0 m 处充填至地表，止水方法为铁钎捣实。钻孔分层情况：0~0.50 m 为杂填土，0.50~5.10 m 为粉质黏土，5.10~12.00 m 为强风化玄武岩，13.00~23.00 m 为中风化玄武岩。5.10~23.00 m 为裂隙-孔隙含水层，0.50~5.10 m 为相对隔水层。

地下水分层采样设备现场安装如图 7-8 所示。

(a) 场地尺度水文地质调查

(b) 地表水与地下水水质测试

(c) 无人机航测与地球物理探测

(d) 钻孔井下探测与地下水分层采样监测

图 7-8　安陆生活垃圾填埋场地块污染调查与地下水分层采样设备安装

7.3.3　地下水分层采样设备场地应用

场地调查的地下水分层快速采样深度依次为 6，8，10，12，16，20 m，单层采样容积为 1 L，六层同时驱替采样时间为 2 min。验证设备现场采样作业状态及各层位地下水样品如图 7-9 所示。

(a) 地下水分层采样洗井操作

(b) 地下水分层六层同时驱替采样操作过程

(c) 地下水分层六层同时驱替采样完成

图 7-9　安陆生活垃圾填埋场地下水分层快速采样操作

采样深度为 20 m，按一孔六层进行分层快速采样，验证地下水采样容积在 1 L 以上，地下水多层快速采样总时间控制在 60 min 以内。除了采样深度、地下水采样容积、地下水分层采样层数、地下水分层快速采样效率外，还以地下水样品来考察地下水分层采样设备的原位弱扰动采样效果。

对安陆场地地下水—孔六层分层采样验证结果进行统计分析，如表 7-4 所示。地下水采样深度达 20 m，各层位由浅至深地下水样品采样容积均达到或超过 1 L，最深层位容积达 1.5 L。其中，层位越深，地下水样品容积越大，这是因为位于天然地下水位界面以下的导水管长度及储水空间逐步变大。

在地下水分层采样效率方面，完成 6 个层位地下水样品的采样时间为 2 min，实现了地下水多层快速采样总时间控制在 60 min 以内的技术指标。

表 7-4　安陆生活垃圾填埋场地下水分层快速采样验证结果

层位	地下水采样深度/m	地下水采样容积/L	地下水采样时间/s
W1	6	1	52
W2	8	1	65
W3	10	1.1	78
W4	12	1.2	91
W5	16	1.3	103
W6	20	1.5	118

地下水分层快速采样技术设备在弱扰动采样方面能够满足安陆污染场地的实际采样要求。采样送检及结果分析表明，填埋场下游地下水超标指标、最大超标倍数分别是高锰酸盐指数（0.35 倍），氨氮（3.36 倍）；地表水总氮超标。填埋场中渗滤液水质超标指标和最大超标倍数分别是色度（17.5 倍）、悬浮物（22.67 倍）、COD（49.9 倍）、总氮（92.5 倍）、氨氮（139.2 倍）、总磷（19.07 倍）、BOD（48 倍）及砷（1.36 倍）。

7.4　本章小结

地下水环境分层采样监测是污染场地调查与修复、国土空间生态保护修复等生态环境治理的重要内容。本章选取湖北安陆生活垃圾填埋场地下水污染探测项目，揭示填埋场所在流域水文地质单元的地下水流场，基于钻孔原位流速流向探测获取场地尺度人为堆填扰动的地下水流场，基于原位观测监测数据的水文地质综合分析，在识别的地下水污染高风险区实施一孔六层地下水分层采样监测。具体结论如下：

（1）通过水文地质调查精准获取了填埋场所在流域水文地质单元的地下水流场。区域属于大别山西南麓与江汉平原交接地带，为较平缓的红层盆地。填埋场所在的流域水文地质单元地势北高南低，地形上表现为剥蚀堆积垅岗地貌。流域水文地质单元东侧边界为磢子河东岸的沿岸分水岭，西侧以府河为界，北侧分水岭延伸至云应盆地北缘的寒武系灰岩山区。填埋场位于流域水文地质单元的中心偏北东位置，微地形表现为略高的岗地分水岭，发育夹玄武岩的白垩系-古近系紫红色砂岩地层。受地形和水力梯度控制，浅层地下水流场总体向西南方向 240°径流。

（2）基于钻孔原位流速流向探测获取了场地尺度人为堆填扰动的地下水流场。在填埋场周边 4 个地下水监测井和 1 个民井点实施基于钻孔的地下水流速流向原位探测。结果表明，填埋场地浅层地下水流场主要由区域水文地质结构控制，地下水总体流向西南方向。填埋场下伏玄武岩与红层砂岩地层，渗滤液地表入渗受低渗透率砂岩层的防水阻隔，主体部分通过侧向排泄进入下游第四系孔隙水；另一小部分通过基岩裂隙通道向下补给玄武岩含水岩组，随后顺着玄武岩与红层砂岩接触面沿地层倾斜方向运移，主要为南和南西方向。

（3）在填埋场地下水高污染风险区域实施一孔六层地下水分层采样监测。地下水分层采样验证表明：地下水分层采样层数指标达 6 层；地下水采样深度指标达 20 m。地下水分层快速采样效率指标：一孔六层同时驱替采样时间为 2 min；地下水采样容积指标为 6 个层位采样容积均达到或超过 1 L。其中，地下水样品容积随分层采样层位的埋深增加而增大，最深层位单次采样容积达 1.5 L，这是因为地下水分层采样器位于地下水位以下的储水空间逐步变大。水质分析结果表明：地下水分层采样的水化学特征及 Sr 同位素特征随污染场地由浅至深呈现典型的线性变化规律。

（4）基于原位观测监测数据的水文地质综合分析识别填埋场地下水污染高风险区。填埋场地下水污染调查探测识别的填埋场防渗屏障失效致地下水高污染风险区为"南西西 250°、东南南 120°及所夹西南区域"，具体为填埋场南侧地下水流场下游的自然村庄。

第8章

地下水分层采样监测技术应用之三：
碳中和与二氧化碳地质利用与封存

CCUS 作为能够有效降低传统能源产业二氧化碳排放量，缓解气候变化的前瞻性技术之一，近几年在世界范围内得以快速发展。例如，德国的 Ketzin 咸水层 CO_2 封存示范、美国的 Frio 咸水层 CO_2 封存示范、澳大利亚的 Otway 枯竭油气田 CO_2 封存示范、加拿大的 Weyburn、法国的 Lacq、挪威的 Sleipner、阿尔及利亚的 In Salah 等 70 多个处于不同阶段的大规模项目，以及国内的神华煤制油深部咸水层 CO_2 地质封存、中石化胜利油田 CO_2-EOR、吉林油田 CO_2-EOR、大庆 CCS 等 8 个大规模集成项目。

大规模注入地层的流体（如 CO_2、酸气）的泄漏风险及其对周围环境的潜在影响是 CCUS 的核心问题之一，亟待示范工程实证。高浓度二氧化碳在地层中的泄漏或逃逸可以改变浅层地下水（甚至可饮用的地下水）的水质，威胁浅地表生物群落，甚至危及周围人群。为保证项目运行的安全性，必须考虑井孔完整性、CO_2 羽运移、地下特征与压力发展、盖层完整性、地表渗透等多个方面。

预警 CO_2 是否泄漏的监测技术较多，包括地震调查与监测、电阻率法监测技术、重力监测技术、电磁波监测技术等，这些技术设备布设在地下深部、地下浅层和地上。其中，布设在地下深部的设备价格昂贵，大多数项目不采用；布设在地上的监测难度大，CO_2 被大气稀释；布设在地表的反应慢，缺乏超前性，分辨精度不高。例如，三维地震感知的精度约为 10 万吨 CO_2 左右，对少量泄漏的超前感知不足。此外，地上开展的物探法还存在与地面设施和条件冲突，获取的数据需要反演，不能直接反映 CO_2 及有害物质的浓度变化等问题。

浅层 U 形管分层采样技术能否通过监测不同层位地下水和土壤气来预警地质封存的 CO_2 泄漏情况？对浅层地下水水质及浅地表生物群落的环境

评估效果如何？能否通过监测地下水温度、压力、流体组分浓度的微小变化（如 pH、电导率、HCO_3^-、CO_3^{2-}、游离 CO_2 的时空变化规律）初步预警 CO_2 泄漏突破指定上覆地层，为封存现场环境风险监测系统提供重要的组成数据？为了回答以上问题，本章通过 U 形管对泄漏源位置、模式、速率进行诊断，建立了基于 U 形管技术的泄漏评价与预警方法。

8.1 胜利油田场地概况

胜利油田经过 50 余年的开采，大部分油藏已进入开发中后期，通过注入 CO_2 提高原油采收率（CO_2-EOR），同时通过二氧化碳地质封存实现碳减排与碳中和。示范项目中二氧化碳地质利用与封存的 CO_2 泄漏的风险及其对浅层地下水环境的影响是监测重点，在此背景下示范应用了地下水分层采样监测技术。

胜利油田位于山东省淄博市高青县唐坊镇樊 89 区块，地理位置如图 8-1 所示。

图 8-1　山东胜利油田场地地理位置图

高青县西北两面隔黄河，其中黄河过境长度为 45.6 km，南以小清河为界，东与博兴县接壤。CO_2 注入规模为 60 万吨/年，注入深度约为 3000 m，注入的 CO_2 来自胜利油田电厂燃煤烟气（纯度为 99.5%）。该工程在实现碳减排封存的同时有效地提高了原油采收率，实现了社会环境效益与经济效益。

地下水分层采样监测技术重点支撑该二氧化碳地质利用与封存项目的封存区 CO_2 泄漏风险监测。胜利油田 60 万吨/年驱油封存示范项目整体目标是将胜利油田自备燃煤电厂三期 600 MW 发电机组的部分烟气进行 CO_2 捕集纯化和增压后，通过管道输送至胜利油田低渗透油藏进行驱油。CO_2 驱油封存区块位于山东省淄博市高青县，CO_2 捕集地点与 CO_2 驱油封存地区相距约 80 km。

8.1.1　气候气象与地形地貌

1. 气候气象

该区域属北温带大陆性季风型气候区，多受西风带西风气流影响，雨量集中，四季分明，光能资源丰富，无霜期长。年平均气温约为 13 ℃，无霜期一般为 174~260 天。夏季多雨，冬春干旱，晚秋又旱，降水不匀，旱涝灾害常有发生，年平均降水量为 560~750 mm，年平均日照时数为 2200~2800 h。因受地形、地貌、土壤、水文、地质、盐化程度及人为活动等因素影响，境内植被类型以农业植物为主；在含盐量较高地区、沼泽地带及水中，有小片原生或次生性植被。

2. 地形地貌

地势西高东低，地面坡降为 1：7000；北高南低，坡降为 1：5200；由西北向东南倾斜。西部马扎子地面高程海拔为 16.5 m，东部姚家套海拔为 7.5 m，平均海拔为 12 m。属河流冲积平原，由于黄河多次决口、改道，泥砂沉积，反复冲切，相互迭压，因此逐渐形成缓岗地、微斜平地和浅平洼地。内河、沟渠纵横，被分割成不规则块状。黄河大堤蜿蜒曲折、气势磅礴，岸内有 3 个大滩，以马扎子、刘春家为分界线。境内自南向北依次有金岭、银岭、铁岭缓岗地横贯，缓岗间为微斜平地、浅平洼地，另有决口扇形地、河滩高地。

8.1.2　地质与构造条件

山东胜利油田地处华北平原坳陷区、济阳坳陷区南部，地势西高东低，由西北向东南倾斜。境内以新生界及其发育为特征，全被第四系黄土覆盖。从西北向东南，分别属济阳坳陷区的惠民凹陷（Ⅲ级构造，青城、常家以北）、青城凸起（Ⅲ级构造，田镇、青城南、黑里寨北）、东营凹陷（Ⅲ级构造，樊家林、高城、唐坊一带）构造区。褶皱构造不明显，以断裂构造为主。

示范区沙四段的主要含油层系均集中在1砂组和2砂组，纵向上在含油井段50 m左右。

8.1.3 场地污染历史和现状

山东胜利油田示范区高89井先期投入试采，由于特低渗透滩坝砂注水难度大，各区块陆续投入弹性开发。高89-1块先期投入开发，樊142块、高891块、高899块、樊143块相继投入滚动开发。

为了探索特低渗透滩坝砂油藏注气开发的可行性，2008年在高89-1块开辟先导试验区试注CO_2，油气井陆续投产投注；2012年通过转注油井在高89-1块实现比较完善的五点法注采井网。示范区沙四段动用面积40.3 km^2，地质储量为$1450×10^4$ t，除高89-1块试验区外其余区块仍处于弹性开采阶段。全区注采总井数为130口，累积产油达$81.5×10^4$ t，采出程度为5.6%；总注气井有12口，其中高89-1块试验区有11口。高89-1块试验区目前开气井11口，累积注入液态二氧化碳达12.25$×10^4$ t。示范区投入开发以来，油井含水6%左右，含水低且稳定。高89-1块注气井较少，注气时间不一致，累注量总体偏低。

气驱阶段油井初期产量定，明显受效，产量上升；后期递减较大，年递减22%。从实际矿场数据看，区块注气后周围油井受效较为明显，不但有效抑制了油井的产量递减，而且在此基础上有一定程度的产量增长，达到了CO_2驱油提高采收率的目的。

大气污染源主要为工程车辆及运输车辆排放的尾气及扬尘，主要污染物有烟气（包括CO_2、NO_x、C_mH_n、SO_2、CO）及颗粒物。运行期间的污染源主要为发生意外事故泄漏的二氧化碳等。废水废液污染源主要为生产排出的废水。含油废水来自捕集工程机泵冷却水、装置内压缩单元分离器排水及采油井场管线或设备的渗漏。工业固体废弃物主要为生活垃圾及干燥单元定期排放的吸附剂、干燥剂（脱水单元的废硅胶）。综上所述，山东胜利油田场地特征污染物为烃类有机物。

8.1.4　二氧化碳地质利用与封存环境风险监测

二氧化碳捕集利用与封存技术（CCUS）是指将二氧化碳从工业或能源生产的相关气源中分离出来，输送到适宜的封存场地并封存，使二氧化碳与大气长期隔离的技术集合。CCUS 能同时实现保障能源安全、减排温室气体和促进低碳新业态孵化的目标。为了确保 CCUS 工程的安全，需要对封存在地下的 CO_2 进行监测以确保其没有泄漏。监测工程贯穿整个封存项目周期，包括 CO_2 注入前、注入期间和闭场后。其中，重点监测 CO_2 运移、泄漏对周围环境的影响（饮用水、人群及周围生物圈）。

1. 二氧化碳在地质封存区的泄漏通道

超临界的 CO_2 的密度要比卤水小，在浮力的作用下，超临界 CO_2 有向上运移的趋势。当盖层中有导通上部地层的通道时，CO_2 会沿着通道向上运移，如图 8-2 所示。这种泄漏主要有 3 种方式：① CO_2 沿着注入井筒或者封存区内其他废弃井筒泄漏；② CO_2 沿着未知的断层或者导通的裂隙泄漏；③ 封存 CO_2 的上浮压力逐渐克服重力和盖层中连通孔隙通道中最大孔径处的突破压力而发生缓慢泄漏。

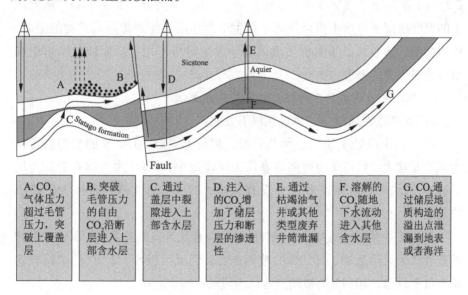

图 8-2　二氧化碳地质封存 CO_2 泄漏机理

工程关注的 CO_2 泄漏及其对浅层地下水环境的影响主要是指裂隙尺度的 CO_2 泄漏，包括天然裂隙通道、诱发裂缝、废弃井孔、断层等。

2. 二氧化碳泄漏对浅部地层的影响

超封存区域的 CO_2 泄漏至浅部地层，对浅地表资源环境的影响包括：自由态 CO_2 纵向泄漏至上覆地层；地层咸水横向或纵向运移导致驱替、混合；压力累积导致地表不均匀隆起。CO_2 泄漏到浅部地层后会改变地层环境，导致饱和带中的地下水及包气带中的气体发生变化，因此对浅层水气环境的监测有重要意义。CO_2 泄漏造成浅部含水层的压力发生变化，同时咸水层中的地层水会随着 CO_2 运移到浅部并侵入浅部含水层中，还有可能导致断层的活化，诱发地震或者产生新的裂隙。溶解的 CO_2 会导致地下水酸化，加速地下水溶解含水层中的岩石矿物。此外，泄漏的 CO_2 还会对地层中的微生物造成影响，改变浅部地层的生物多样性，以及调动地层中的有机化合物。泄漏的 CO_2 对浅层地下水水质的影响在于：地下水 pH 值降低，硬度变大，地下水中矿物溶解（方解石、绿泥石、长石、蒙脱石、高岭石等），沉淀的化学平衡被打破，导致浅层地下水中常规离子改变（Ca^{2+}、Mg^{2+}、CO_3^{2-}、HCO_3^- 等）、重金属离子析出（如 Pb、As、Cd、U、Ni、Cr、Cu、Zn、Mn 等）、有机物溶解（部分有机物能很好地溶于 CO_2，会随着 CO_2 向上泄漏而迁移至浅部水层）等，进而影响水质。此外，CO_2 溶解产生的碳酸根离子与水中重金属离子发生络合作用会促进重金属矿物的溶解，同时会使矿物表面已吸附的重金属离子发生解析作用，从而使地下水中其他重金属组分的浓度增大。

3. 二氧化碳地质封存的潜在风险及公众关注度

CCUS 的潜在风险主要体现在以下方面：

（1）技术尚处于研发、示范阶段，相对不成熟。15.2%的被调查者认为风险非常大，45.7%的被调查者认为风险适中，9.8%的被调查者认为风险极小，2.2%的被调查者认为没有风险，27.1%的被调查者认为风险不确定。

（2）高昂的捕集成本。26.1%的被调查者认为风险非常大，30.4%的被调查者认为风险适中，10.9%的被调查者认为风险极小，2.2%的被调查者认为没有风险，30.4%的被调查者认为风险不确定。

（3）二氧化碳运输管道泄露对人类健康和安全的影响。20.7%的被调查者认为风险非常大，26.1%的被调查者认为风险适中，25.0%的被调查者认为风险极小，6.5%的被调查者认为没有风险，21.7%的被调查者认为风险不确定。

（4）地面二氧化碳封存点的泄露对人类健康和安全的影响。26.1%的被调查者认为风险非常大，30.4%的被调查者认为风险适中，15.2%的被调查者认为风险极小，7.6%的被调查者认为没有风险，20.7%的被调查者认为风险不确定。

（5）地面二氧化碳封存点的泄露对当地环境的破坏。22.8%的被调查者认为风险非常大，35.9%的被调查者认为风险适中，16.3%的被调查者认为风险极小，4.3%的被调查者认为没有风险，20.7%的被调查者认为风险不确定。

（6）为提高油气采收率所释放的额外温室气体对全球气候的影响。8.7%的被调查者认为风险非常大，39.1%的被调查者认为风险适中，17.4%的被调查者认为风险极小，7.6%的被调查者认为没有风险，27.2%的被调查者认为风险不确定。

（7）二氧化碳封存对饮用水水库的影响。13.0%的被调查者认为风险非常大，20.7%的被调查者认为风险适中，21.7%的被调查者认为风险极小，7.6%的被调查者认为没有风险，37.0%的被调查者认为风险不确定。

8.2　胜利油田二氧化碳地质利用与封存工程简介

8.2.1　胜利油田二氧化碳捕集纯化与压缩

山东胜利油田二氧化碳捕集工艺流程如图 8-3 所示。对胜利发电厂烟气中的 CO_2 进行捕集、压缩、干燥，并基于烟气的组成和气量对捕集工艺流程进行优化。烟气引自胜利发电厂三期 600 MW 机组脱硫吸收塔出口烟道，其中，烟气组分的 CO_2 摩尔分率为 13.28%。脱硫吸收塔出口烟气压力约为 100 Pa，出口温度约为 48 ℃。根据后续输送及驱油要求，增压、干燥后产品 CO_2 压力需达到 11.5 MPa，温度为 40 ℃，CO_2 干基纯度>99.5%，水露点≤-40 ℃。

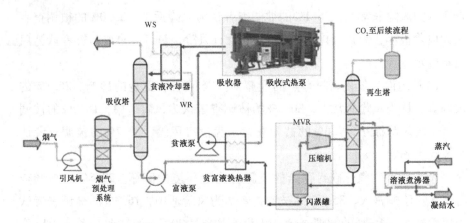

图 8-3　山东胜利油田能源梯级利用二氧化碳捕集工艺流程图

将烟气通入 CO_2 捕集单元，捕获其中的 CO_2，获得干基纯度为 99.5% 的 CO_2 气体；来自捕集单元的 CO_2 气体进入压缩单元进行增压，压缩机出口 CO_2 压力为 11.5 MPa（g），温度为 40 ℃，增压后的 CO_2 进入后续管道输送首站；为了达到 CO_2 管道输送腐蚀控制的要求，在压缩机级间对 CO_2 进行脱水处理，来自压缩机级间（级间出口压力为 3.8 MPa）的 CO_2 气体进入脱水单元进行干燥，CO_2 气体水露点要求低于-40 ℃，脱水后的干燥 CO_2 气体再从压缩机级间返回，进行后续增压。以"吸收式热泵+MVR"为核心的双热泵高效 CO_2 捕集工艺可有效降低系统再生能耗和循环水用量。压缩过程为：来自再生气分离器的 CO_2 进入压缩橇块进行压缩，压缩机采用离心式压缩机，压缩机出口 CO_2 压力为 11.5 MPa（g），温度为 40 ℃，压缩后的 CO_2 气体级间进入脱水橇块进行干燥，采用循环冷却水冷却。

8.2.2　胜利油田二氧化碳管道输送工程

二氧化碳管道输送指将胜利电厂捕集脱水增压后的干燥二氧化碳（浓度为 99.5%）经过长输管线输送至正理庄油田高青区域，用于 EOR 驱油。管道输送起点为胜利电厂首站，终点为高青区域的高青末站，线路总长度为 80.0 km，管道全部在平原敷设，管道沿线道路依托条件较好。管道通过 2 处房屋密集区，3 处冬暖式蔬菜大棚密集区，与居民区的安全距离为 30 m，与散落房屋、厂房、大棚的安全距离为 5 m。

管道中的二氧化碳采用超临界相态输送。由于二氧化碳的相态特性，液相输送温度难以控制，必须进行保冷，且长距离输送时需要增加制冷站，实施难度大、成本高。输送压力为 $8\sim12$ MPa，外输管线为 DN250，采用防腐层和阴极保护联合保护的方案对管道进行保护。

8.2.3 胜利油田二氧化碳驱油封存评估与钻井注入

1. 二氧化碳驱油封存区选址

为发挥 CO_2 驱油在提高采收率中起到的作用，CO_2 驱油与封存区的筛选应遵循如下原则：① 满足油藏适应性评价标准（见表 8-1）；② 具有较大的储量规模，初期注气能力达到 60 万 t 以上；③ 地质认识清楚，目前地层压力在混相压力附近；④ 综合含水较低或基本不含水；⑤距离胜利发电厂较近。通过对胜利油田低渗透区块的筛选来确定 CO_2 驱油与封存示范区。示范区包括高 899 块、高 89-1 块、高 891 块、樊 143 块和樊 142 块，主要含油层系为沙四段，油藏埋深为 $2700\sim3200$ m，含油面积为 40.3 km²，地质储量为 1450×10^4 t，渗透率为 2.1 mD，目前共有完钻井 137 口。综合考虑区域构造、储层连通性、盖层封闭性、源汇匹配及现场施工等条件，山东胜利油田地质封存选址如图 8-4 所示。

表 8-1 二氧化碳驱替提高油气采收率油藏适应性评价标准

评价参数		评价标准
关键参数	混相能力	≥1（混相驱）
		0.8~1（近混相驱）
	渗透率/mD	>0.5
参考参数	油藏条件下原油黏度/（MPa·s）	<12
	油藏条件下原油密度/（10^3 kg·m^{-3}）	<0.8762
	剩余油饱和度/%	>25
	单储系数/（m³·km^{-2}·m^{-1}）	>39000
	油层深度/m	>2000
	地层温度/℃	<145

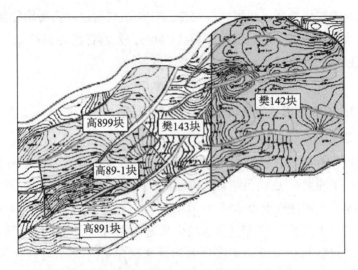

图8-4　山东胜利油田区域构造与地质封存选址图

2. 二氧化碳封存区储层评估

CO_2驱提高采收率，示范区地质研究重点强化储层砂体的连通性、非均值性、裂缝网络及高渗条带的描述。采用多层次逐级细分对比，完成直井单井砂体精细划分对比，示范区砂体集中分布在纯下1、2砂组，砂体钻遇率均大于90%，油井对砂体的控制程度较好，砂体发育稳定，储层连通性较好。通过压裂裂缝监测、压裂裂缝模拟技术、多级子声波测井及微地震技术，明晰示范区裂缝分布规律。通过分析56口井的次微地震监测数据可知，最大主应力方向为北东50°～143.8°，地应力方向与断层走向基本一致。根据钻探取心、薄片、电镜资料分析，储层未见到天然裂缝。利用精细三维地质模型，以砂体为单元计算储量，示范区1、2砂层组叠合含油面积为40.3 km²，叠合有效厚度为6.31 m，地质储量为1450.14×10⁴ t。

3. 二氧化碳封存区盖层封闭性评估

示范区纵向上主要发育两套稳定的泥质岩层，如图8-5所示。两套稳定的泥质岩层分别是沙四上纯上+沙三下泥质岩层和沙一+沙二上泥质岩层。该盖层区域内分布非常稳定，且厚度为460～580 m。断层封堵性是在CO_2气驱和封存开发中保证封存安全性的重要因素。影响断层封堵性的因素主要包括断层、断层面和断层带特征。示范区断层的纵向封堵性较强，CO_2通过断层纵向泄漏的可能性很小。主干断层上升盘侧向封堵能力非常强，下降盘的侧向封堵能力强；次要断层的侧向封堵能力较强。

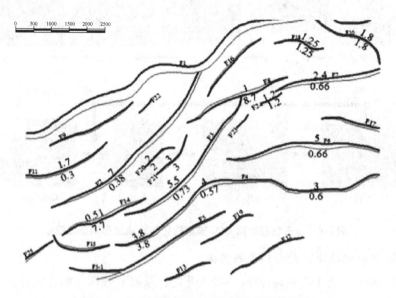

图 8-5　山东胜利油田示范区断层封闭性评估

4. 二氧化碳封存区驱油封存工程实施

工艺流程如图 8-6 所示。示范按照注气井与油井多向对应、不规则面积井网的原则部署方案，设置注气井 70 口，其中新钻注气井 34 口，老油井转注气井 25 口，利用老注气井 11 口。日油、日注能力变化规律参考试验区矿场研究成果和数值模拟成果，气油比和 CO_2 含量参考数模结果，依据试验区矿场日油日注能力变化规律、方案注入能力设计、数值模拟方法对产量峰值后递减指标进行预测，前 5 年年递减率取值 5.5%，后期年递减率取值 4%。建成燃煤电厂烟气 CO_2 捕集纯化成套装置，将胜利电厂烟气中的 CO_2 捕集出来，经过压缩、干燥、液化及存储后，通过罐车输送至油区用于 CO_2 驱油与封存。

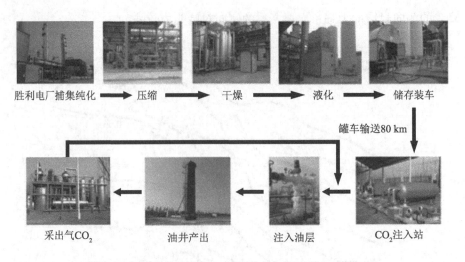

图 8-6　山东胜利油田 CO_2 捕集纯化与驱油封存示范工程

5. 二氧化碳驱油封存钻采井实施

高 89-1、樊 142 块自 2004 年投入开发，采取套管固井射孔完井，采用聚合物防塌钻井液体系，钻井液密度为 $1.25 \sim 1.53 \ g/cm^3$，失水量为 $1 \sim 5 \ mL$，井身结构为表套+油套，油层套管规格主要为 $139.7 \ mm \times 9.17 \ mm$ P110/N80 组合，油井水泥返高约为 1350 m，新钻注气井水泥返高至地面，射孔主要采用 102 枪射孔。高 89-1、樊 142 区块共有 13 口注气井，其中 KQ65/35 型 FF 级井 11 口、CC 级井 1 口，KQ65/70 型 FF 级井 1 口。高 89-1 块 11 口注气井采用普通注气管柱，樊 142 块 2 口注气井采用防返吐注气管柱。井下工具主要采用 30Cr13 不锈钢。油管有 N80-Cr3 油管、镀渗钨合金防腐油管、氮化油管和普通 N80 油管。环空保护液成分为脱水原油/柴油+油包水表面活性剂，或缓蚀剂溶液。

6. 二氧化碳驱油封存加压注入

通过长输管线输送来的密相 CO_2，经增压后通过加注管线输送至各注入井，用于 EOR 驱油，建设自配注站（间）至各注入井的加注管线、配注站（间）及相关的配套工程。本工程注入区块内目前已建高 89 注气站 1 座，管辖 11 口注气井，站内建有液态 CO_2 储罐，液态 CO_2 通过增压、分配计量后输送至各注气井口。高 89 注气站既可接收 CO_2 槽车运输来的 CO_2，也可接收经管线输送的 CO_2。注入压力为 $8 \sim 23$ MPa，区块年最大 CO_2 注入量为 60 万吨/年。现场实测数据显示驱油封存示范区二氧化碳具有良好的注入性，如图 8-7 所示。

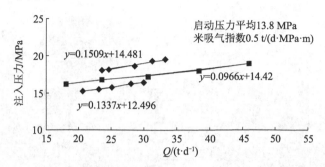

图 8-7　山东胜利油田驱油封存示范现场测试注入压力和 CO_2 注入量的曲线关系

山东胜利油田驱油封存示范区高 89-1 块油井增采效果明显。累计注入 CO_2 24 万 t，累计增油 5.5 万 t，CO_2 动态封存率为 86%。预计采收率将由弹性驱的 8.9% 提高到 26.1%。

8.2.4　胜利油田二氧化碳驱油封存环境风险监测

驱油封存示范区环境监测体系如图 8-8 所示，该体系具备对土壤气、大气、地下水、地面变形、植被遥感等环境介质的监测能力。土壤气：地表土壤气 CO_2 的通量值属于自然界的正常背景值范围。地面变形：ALOS（L 波段）雷达数据进行差分干涉。测量处理与分析表明：示范区未发生比较明显的形变。大气：示范区大气中的 CO_2 浓度为 440~480 mg/L，波动不大。地下水：常规地下水监测井、地下水 U 形管分层监测井。

为确保 CO_2-EOR 规模化安全操作，监测预警可能发生的 CO_2 泄漏，胜利油田制定了详细的监测方案。其中，为预警封存在地下的 CO_2 泄漏至地表并评估其泄漏对浅层地下水的影响，采用自主研发的地下水 U 形管分层快速采样监测装置，该现场原位监测设备能同时对 3 个不同深度地层（-2 m，-6 m 和-10 m）的地下水和包气带土壤气进行取样。

此外，对于浅层地下水的水质监测内容为：① 温度、pH 值、电导率、总矿化度（TDS）、总有机碳（TOC）、总无机碳（TIC）、碱度；② 主要阴离子和阳离子；③ 气体组分；④ ^{13}C 稳定同位素。监测频率不少于每月一次。

图 8-8　山东胜利油田示范区环境监测体系

　　山东胜利油田示范区土壤矿物成分分析、土壤颗粒粒径分析如表 8-2 和表 8-3 所示，14#钻孔土壤粒度分析试验累计曲线如图 8-9 所示，土壤粉钻粒含量粒状图如图 8-10 所示，地下水水质分析趋势图如图 8-11 所示，地下水、钻井液及附近河水的水质分析如表 8-4 所示，地下水基本物质物性参数如表 8-5 所示。

表 8-2　山东胜利油田示范区土壤矿物成分分析

钻孔编号	样品编号	取样深度/m	相对含量/%									含水率/%	密度/(g·cm^{-3})
			石英	方解石	微斜长石	钠长石	伊利石	绿泥石	角闪石	羟锰矿	白云石		
3#	3#1.8	1.8	45.78	4.01	4.07	30.80	8.88	5.00	1.47			26.0	2.06
	3#3.8	3.8	37.69	7.80	9.10	31.53	7.99	3.69	2.18			27.2	2.07
	3#5.8	5.8	46.12	5.08	11.86	24.49	6.99	4.48	0.99			26.6	2.04
	3#7.8	7.8	50.46	1.95	9.31	23.45	7.47	5.95	1.41			23.8	2.05
13#		1~1.8	35.50	4.89	23.21	15.21	14.34	5.65	1.19			23.4	2.14
	13#1.8	2~1.8	40.68	5.67	3.94	19.48	23.09	5.53	1.61			32.4	1.88
	13#3.8	3.8	52.04	6.16	4.04	20.67	8.82	6.41	1.86			28.5	2.02
	13#5.8	5.8	46.26	6.82	4.73	16.08	11.93	6.26	6.63	1.29		23.5	2.13
	13#7.8	7.8	27.80	5.13	6.74	38.68	9.26	4.97	1.71		5.69	16.2	2.04
	13#9.8	9.8	40.41	8.39	10.65	13.62	16.32	7.81	2.80			21.1	2.13
14#	14#1.8	1.8	38.53	7.68	4.81	18.45	21.49	7.67	1.36			28.1	1.96
	14#3.8	3.8	33.52	21.63	7.21	12.34	14.63	10.68				29.2	1.90
	14#5.8	5.8	52.42	6.37		20.81	13.00	5.56	1.84			28.8	2.09
	14#7.8	7.8	55.18	5.86	3.49	18.33	6.61	4.16	0.95		5.42	25.1	2.10
	14#9.8	9.8	42.26	9.58	5.78	21.50	10.18	6.39	4.31			22.6	2.12

表 8-3　山东胜利油田示范区土壤颗粒粒径分析

钻孔编号	样品编号	取样深度/m	小于某孔径的总土质量百分数/%						累积质量占一定质量的粒径/mm						
			0.25	0.075	0.05	0.01	0.005	0.002	d10	d20	d50	d60	d70	d85	d95
3#	3#1.8	1.8	100	100	77.4	30.2	20.2	13.1		0.010	0.022	0.030	0.040	0.058	0.069
	3#3.8	3.8	100	100	86.4	29.6	20.7	11.8		0.010	0.021	0.028	0.035	0.048	0.065
	3#5.8	5.8	100	100	65.5	13.2	9.4	4.9	0.002	0.026	0.037	0.045	0.053	0.063	0.071
	3#7.8	7.8	100	100	76.7	29.3	22.5	14.9	0.006	0.011	0.027	0.034	0.043	0.058	0.069
	3#9.8	9.8	100	100	80.4	30.7	24.9	18.3		0.009	0.026	0.032	0.040	0.055	0.068
13#	13#1.8	1.8	100	100	83.5	24.7	16.1	8.8	0.002	0.013	0.025	0.031	0.038	0.052	0.066
	13#3.8	3.8	100	100	92.7	17.1	6.7	2.8	0.008	0.015	0.023	0.028	0.033	0.043	0.057
	13#5.8	5.8	100	100	70.0	22.3	15.7	9.8	0.002	0.016	0.032	0.040	0.050	0.062	0.070
	13#7.8	7.8	100	100	53.5	26.4	17.4	8.8	0.002	0.014	0.044	0.055	0.060	0.067	0.072
	13#9.8	9.8	100	100	78.7	28.2	20.4	11.8	0.002	0.011	0.025	0.032	0.041	0.056	0.068
14#	14#1.8	1.8	100	100	89.9	41.6	27.5	15.9		0.006	0.013	0.018	0.026	0.042	0.061
	14#3.8	3.8	100	100	89.6	58.9	40.7	21.7		0.003	0.007	0.011	0.018	0.039	0.062
	14#5.8	5.8	100	100	86.2	10.8	5.5	2.1	0.009	0.020	0.029	0.033	0.039	0.049	0.065
	14#7.8	7.8	100	100	58.5	6.7	4.6	2.1	0.016	0.032	0.044	0.051	0.057	0.066	0.072
	14#9.8	9.8	100	100	84.9	32.5	21.4	13.3		0.009	0.019	0.026	0.034	0.050	0.066

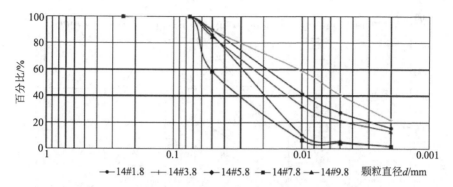

图 8-9 山东胜利油田示范区 14#钻孔土壤粒度分析累计曲线

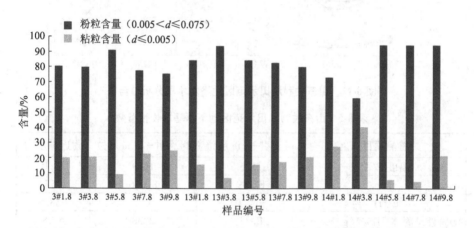

图 8-10 山东胜利油田示范区土壤粉粘粒含量柱状图

表 8-4 山东胜利油田示范区地下水、钻井液及附近河水的水质分析

组分	单位	3#孔（河水）	13#孔（河水）	13#孔-8 m（井水）	14#孔（河水）	14#孔（井水）	14#孔 3（地下水）
		3#R	13#R	13#W-8	14#R	14#W	14#B3
Ca^{2+}	mg/L	112.22	59.32	131.46	343.08	202.4	107.01
Mg^{2+}	mg/L	123.96	78.75	213.16	248.89	265.91	75.59
$K^+ + Na^+$	mg/L	448.08	408.00	690.96	853.20	810.72	444.76
Cl^-	mg/L	500.91	343.16	742.68	1029.11	899.72	397.04
SO_4^{2-}	mg/L	722.37	445.72	1109.49	1629.92	1435.14	444.76
HCO_3^-	mg/L	323.41	456.43	539.42	622.40	640.71	296.56
pH 值	—	7.36	7.57	7.42	7.37	7.03	7.41
矿化度	mg/L	2230.95	2247.81	3409.17	4726.60	4254.60	1650.58
游离态 CO_2	mg/L	14.96	15.84	29.04	25.52	40.48	11.44

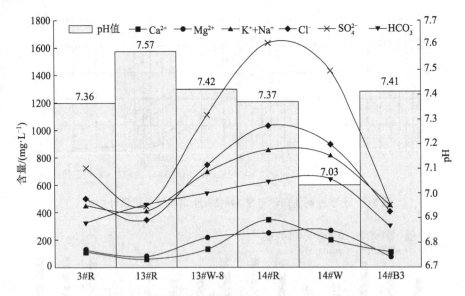

图 8-11 山东胜利油田示范区地下水水质分析趋势图

表 8-5 山东胜利油田示范区地下水基本物性参数

检测项目	14 号井−2 m 层位	14 号井−10 m 层位	附近排水沟
温度 $T/℃$	15.6	16.9	14.0
pH	8.049	8.046	7.578
u/mV	−60.0		−38.6
溶解性总固体 TDS/（g·L^{-1}）	2.32	2.38	6.28
盐度	1.2	1.2	3.4
电导率 $\sigma/$（mS·cm^{-1}）	2.32	2.37	6.25
电阻率 $\rho/$（Ω·cm）	430.0	422.0	159.2

8.3 场地地下水分层采样监测应用

气候变化与可持续发展是关乎人类未来的重大议题，向地下索取能源、资源、战略空间的工程活动不可避免地诱发地下环境的改变，甚至对地下环境产生污染与破坏。这些工程的共性问题是外来流体污染物因泄漏或入渗迁移侵入地层，在地层中运移、扩散并打破原有温度场、应力场、渗流场、化学场的平衡，造成环境污染或诱发次生破坏。因此，对污染物分布梯度与迁移路径的三维高精度连续监测是判定工程或企业对环境污染的程度及责任归属的直接证据，其实时监测预警功能亦有助于避免重大工程事故或严重生态污染。而国内已有的地下水分层监测技术不能很好地满足地下工程、地下环境监测与评估日益增长的需求。地下水 U 形管分层采样监测技术的优势在于：作为地下水土壤气一体化、一孔多层、高精度取样的新技术，其适合长期固定监测、井下地面快速检测集成与数据远程自动传输，能够较精确地刻画地层中 CO_2 泄漏在不同地层深度的水汽浓度梯度及其变化趋势。

8.3.1　胜利油田场地土壤、地表水与地下水化学分析

1. 地下水监测指标提取

通过对 ZERT、Otway、Weyburn 三个监测项目指标进行统计，可得到表 8-6 所示的 CO_2 地质封存地下水分析指标。

表 8-6　二氧化碳地质封存地下水分析指标国际经验参考

项目类型		ZERT	Otway	Weyburn
		场地试验	枯竭天然气田封存	CO_2 驱油
地下水分析	共同指标	pH、温度、电导率、TDS、HCO_3^-、Na、K、Mg、Ca、Sr、Mn、Fe、Cl		
	物质浓度指标	Ba^{2+}、F^-、Br^-、NO_3^-、PO_2^-、SO_4^{2-}、SiO_2、Al^{3+}、As、B、Cd、Co、Cr、Cu、Li、Mo、Pb、Se、U、Zn	SiO_2、SO_4^{2-} 等	S^{2-}、NH_3^+、Li^+、Ba^{2+}，溶解性气体 H_2S、CO_2 等
土壤气分析		CO_2 通量，示踪剂 CF_4	C1－C5 烷烃，C6＋烷烃，O_2、N_2、CO_2、Kr、SF_6	C1－C3 烷烃，乙烯，N_2、O_2＋Ar、CO_2、Rn、Re；CO_2 通量
同位素分析		无	$\delta^2H(g)$、$\delta^{18}O(w)$、$\delta^{13}C(w)$	$\delta^{13}C(g)$、$\delta^{34}S(g)$

气体的监测指标包括碳同位素、游离 CO_2、CH_4，液体的监测指标包括碱度、pH、总矿化度、相关离子和碳同位素。初步地下水监测指标包括地下水的 pH、氧化还原电位（ORP）、TDS、碱度、电导率、电阻率、氟离子（F^-）、氯离子（Cl^-）、硫酸根（SO_4^{2-}）、硝酸根（NO_3^-）、亚硝酸根（NO_2^-）、溴离子（Br^-）、磷酸根（PO_4^-）、铵根（NH_4^+）、锂离子（Li^+）、钠离子（Na^+）、钾离子（K^+）、镁离子（Mg^{2+}）、钙离子（Ca^{2+}）。土壤气的监测指标包括二氧化碳（CO_2）、一氧化碳（CO）、甲烷（CH_4）、氮气（N_2）、一氧化氮（NO）、硫化氢（H_2S）。

2. 地下水离子分布

地下水所含阳离子主要为 K^+、Na^+，含有约 10% 的 Ca^{2+}、Mg^{2+}，这两种阳离子对 CO_2 较敏感，易生成碳酸盐沉淀。从表 4-3 地下水离子组分来看，所取地下水样品的主要阳离子（Ca^{2+}、Mg^{2+}、K^+、Na^+）和阴离子（Cl^-、SO_4^{2-}、HCO_3^-）的浓度与附近排水沟及钻井液中的相差甚大，各方面性质如矿化度和总硬度亦有显著区别，说明现场安装的浅层地下流体 U 形管分层取样装置所取的地下水样来自地层，具备一定的精度和代表性。该监测值亦作为判别今后 CO_2 是否泄漏及其泄漏对浅层地下水影响的基底值。

同一钻孔不同深度所取的地下水样（−2 m 和 −10 m 深）的物性参数基本稳定。从实际工程地层条件来看，−22.9～−2 m 深度范围内均为粉质黏土，地下水位深 0.7 m。说明在不同深度（−2 m 和 −10 m）所取的地下水样实际上属于同一含水层，在自然条件下其性质稳定，取样分析结果与实际工程地质条件相符。

从表 8-2 土壤的矿物成分来看，封存的 CO_2 泄漏至浅层地下水，随着 CO_2 的逐步溶解，地下水的 pH 从微碱性的 8.049 逐步降低，随后由于矿物溶解，pH 有所回升。在 CO_2-地层水-土体矿物的相互作用下，首先反应溶解的矿物是方解石和白云石，释放出大量的金属离子（Ca^{2+}、Mg^{2+}），且 HCO_3^- 的浓度急剧增加；其次是微斜长石和钠长石表面溶蚀，生成新的伊利石、蒙脱石或绿泥石矿物；最后是羟锰矿，在酸性环境下溶解释放出 Mn^{2+}。

方解石：$CaCO_3 + CO_2 + H_2O \rightarrow Ca^{2+} + 2HCO_3^-$

白云石：$CaMg(CO_3)_2 + 2CO_2 + 2H_2O \rightarrow Ca^{2+} + Mg^{2+} + 4HCO_3^-$

羟锰矿：$Mn(OH)_2 + 2H^+ \rightarrow Mn^{2+} + 2H_2O$

综上所述，CO_2 泄漏对浅层地下水的潜在影响在于：pH 由弱碱性的 8.049 逐步降低至弱酸性；方解石、白云石及微斜长石、钠长石等矿物的溶解导致地下水的常规离子（Ca^{2+}、Mg^{2+}、Na^+、K^+、HCO_3^-）浓度增加，水的硬度和矿化度变大；重金属 Mn^{2+} 含量升高，随着 CO_2 泄漏至浅层地下水的量增加及反应时间的延长，重金属 Mn^{2+} 含量是否超标有待进一步的跟踪研究。

8.3.2　胜利油田地下水分层采样监测方案

本案例研究侧重于 CO_2 咸水层封存场地泄漏到浅部地层后的环境监测，在上述工作的基础上，为更好地监测 CO_2 泄漏及其对浅部地层环境的影响，示范区应用了地下水分层采样监测技术。在收集封存区水文地质及项目相关资料，分析研究区域内的历史地下水位、地层岩性、地下水类型等基本信息，获取试验数据后，本案例对胜利油田 CCS 示范区研究区浅部地层的化学指标进行分析，确定该区域浅部地层的指标分布特点，指导地球化学方法监测 CO_2 泄漏到浅部地层。

结合国家重点研发计划课题任务，在山东胜利油田 CO_2 驱油封存示范的工作基础上，将自主研发的地下水分层快速采样技术应用于二氧化碳地质利用与封存领域，具体在山东东营胜利油田高 89 区块开展现场示范。

山东胜利油田场地的浅部地层由上至下分别为素填土（0~1.3 m）、黏土（1.3~2.7 m，土质均匀、细腻，含少量铁，钙质结核）和粉质黏土（2.7~22.9 m，黄褐色，土质不均，含少量氧化铁斑）。场地地下水位线约为 0.7 m，地层渗透系数为 4.7 mD，含水量为 35%，孔隙比为 8.7~8.9，饱和度为 99%~100%。

井口处取样操作完成后，对样品采用 Mutli 3420（配备 Sen Tix 950 pH 电极和 TetraCon 925 电导率电极）原位快速分析，并将样品送至实验室进行质谱分析。

500 目过滤网对应的颗粒粒径为 0.020 mm，过滤网仅能过滤 50% 左右的土壤颗粒，对于极细的黏粒、粉黏粒，过滤效果有限，因此造成这些颗粒渗流进入 U 形管内部，产生沉积淤堵。

8.3.3 胜利油田地下水分层采样监测设备应用

山东胜利油田场地地下水分层采样监测设计方案按地下水一孔三层分层采样设计方案（见表 8-7）实施，方案设计如图 8-12 所示。

表 8-7 山东胜利油田场地一孔三层设计方案（ϕ75）

	地下水分层层数设定	深度/m	地层岩性	堵头设置	PVC 管
第一层	第四系孔隙水	4	0~1.3 m 为素填土；1.3~2.7 m 为黏土；2.7~22.9 m 为粉质黏土；地下水位埋深约为 0.7 m	6 孔进样段+连接段	4 m
第二层	第四系孔隙水，间隔 8 m	12	粉质黏土	4 孔进样段	8 m

续表

	地下水分层 层数设定	深度/m	地层岩性	堵头设置	PVC 管
第三层	第四系孔隙水, 间隔 4 m	20	粉质黏土	4 孔进样段+ 连接段	8 m

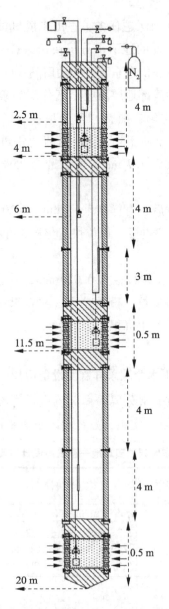

图 8-12　山东胜利油田场地地下水分层采样监测方案设计图

　　地下水分层采样监测分别控制埋深 4 m、12 m 和 20 m 的不同深度，均为第四系孔隙水；地下水单层采样容积为 1 L，三层驱替采样。设备现场安装及地下水分层采样如图 8-13 所示。

图 8-13　山东胜利油田地下水分层采样监测设备安装与现场采样

　　地下水 U 形管分层取样装置成功应用在胜利油田 CO_2-EOR 项目上，U 形管分层取样装置已连续运行 5 年以上。地下水和土壤气取样分析结果表明：装置能够准确获取有代表性的地层水，不同深度的样品有明显的规律性，土壤气成分具有明显的油田区域地下气体的特点。

　　胜利油田现场应用表明 CO_2 泄漏对浅层地下水的潜在影响为：pH 由弱

碱性的 8.049 逐步降低至弱酸性；方解石、白云石及长石等矿物的溶解导致地下水的常规离子（Ca^{2+}、Mg^{2+}、Na^+、K^+、HCO_3^-）浓度增加，水的硬度和矿化度变大；重金属 Mn^{2+} 含量升高，随着 CO_2 泄漏至浅层地下水的量的增加及反应时间的延长，重金属 Mn^{2+} 含量是否超标有待进一步跟踪研究。

通过封存场地点网式布设，对不同层位地下水和土壤气的取样分析表明：地下水 U 形管分层取样装置能够准确获取有代表性的地层水，不同深度的样品有明显的规律性，土壤气成分具有明显的地下气体特点；基于现有的数据分析，没有发现 CO_2 大量泄漏到浅部地层中的证据；获取 CO_2 驱油封存区域浅层地下水的背景数据为长期监测 CO_2 泄漏并评估其对浅层地下环境的影响奠定了基础。

8.4 本章小结

习近平总书记在第七十五届联合国大会庄重承诺"中国将提高国家自主贡献力度，采取更加有力的政策和措施，二氧化碳排放力争于 2030 年前达到峰值，努力争取 2060 年前实现碳中和"，将碳达峰碳中和纳入生态文明建设整体布局和经济社会发展全局，有效应对全球气候变化与国内绿色低碳转型，实现可持续发展。其中，二氧化碳捕集利用与封存是重要的碳中和先进适用技术，指将二氧化碳从工业排放气源中捕集分离出来，并输送封存至 800 m 以深的地质储层。工程安全实施的重点在于监测评估封存场区地下深处的 CO_2 是否泄漏至浅地表，以及深部泄漏的 CO_2 对封存场区浅层地下水的环境风险的长期监测。本章以胜利油田二氧化碳驱油封存为典型案例，阐述了地下水分层采样监测技术在碳中和与二氧化碳地质利用与封存领域的应用。

第 9 章

总结与展望

9.1 总结

　　水是生命之源、生产之要、生态之基。水循环与水文地质、场地土壤与地下水污染修复、全球变化与碳减排等以水为纽带的综合研究影响国家核心竞争力与人民生活水平，关乎联合国 2030 年可持续发展目标。针对流域水循环转换机制不清、定量观测表征难，地下水污染物多界面迁移过程精准刻画难，二氧化碳地质利用封存注入流体受多相多场耦合驱动在地层泄漏迁移扩散的监测预警难等关键科学问题，凝练出"定量刻画表征溶质在地下水流场地层垂直结构中的传输运移与迁移扩散"这一共性关键技术需求，亟待研发地下水精细调查、分层精准探测、自动化智能化的先进地下水分层采样监测技术。鉴于此，本书面向国家重点行业共性技术需求，探索新路径推动地下水科学难点破解与基础研究走向应用，在国家重点研发计划的资助下，通过高精度低扰动 U 形管采样技术研发、集成式一孔多层采样技术研发、多功能的井下监测模块研发，成功研制了地下水 U 形管分层快速采样技术设备。在此基础上，通过最小化可行性验证和室内微缩模型试验进行系统性能测试，通过江西赣州禾丰盆地水循环野外观测基地、湖北安陆生活垃圾填埋场地下水污染探测、山东胜利油田二氧化碳驱油封存等不同领域的典型案例应用，验证了地下水分层采样监测技术设备的技术指标与适用范围，主要结论如下：

　　（1）地下水分层采样监测技术指通过多通道井管在一个钻孔中实现地下水的分层采样或监测。单孔多层揭示不同地层深度或多个含水层的地下水特征信息，连续刻画地下三维空间的物质运移与污染物分布，揭示三维水文地质结构，提供垂向不同深度的水头、可溶性污染物或原生地球化学特征等更完整、更精准的监测数据。此外，地下水分层采样监测是《欧盟水框架指令》《水文地质调查》等国内外规范的推荐性要求，是行业共性关键技术。

（2）全球地下水 U 形管分层采样监测技术发展历经 4 个关键阶段：① 1973 年首次提出 U 形管采样原理，单向阀的引入使采样深度理论上从 10 m 扩展到任意深度，标志着地下水 U 形管采样技术理论上可行。② 2004—2010 年，美国劳伦斯伯克利国家实验室首次研发成功 1000～3200 m 级深井地下水 U 形管采样监测技术，并应用于地下的深部能源与废弃物储存、核废料地质封存领域。该技术方案剥离了原陶瓷多孔杯等部件，标志着 U 形管采样技术工程可行。③ 2009—2016 年，中国科学院武汉岩土力学研究所相继突破淤堵、系统脆弱、耐久性差等技术瓶颈，成功研发 30 m 级浅井地下水 U 形管监测技术，主要用于二氧化碳驱替增采石油、二氧化碳地质利用与封存领域，标志着地下水 U 形管采样技术渐趋成熟。④ 2016—2022 年，中国地质调查局进一步提升改进，研发了污染场地地下水分层快速采样技术、地下水分层探测技术，并拓展应用至水循环与水文地质、场地土壤与地下水污染领域。

（3）基于气驱原理自主研发了弱扰动原位地下水分层采样监测设备。针对地下水分层采样效率低、耗时长，地下水采样扰动大、地下水样品的代表性存在偏差，采样管径尺寸缩小受限、井下技术集成能力低等三大关键技术问题，通过整体结构设计、室内测试表征、最小化可行性测试、模块化功能测试等研究手段，对地下水 U 形管分层快速采样设备的关键部件进行研制及优化，包括井下储流容器定制、过滤渗析组件定制研发、多管线连接接头定制研发等。① 在地下水原位弱扰动采样分析方面提高地下水样品代表性：针对污染场地地下水原位弱扰动采样，对影响样品代表性的残余液混入、地层扰动、采样过程温度及压力条件改变等因素进行控制，选择针对性技术方案保证，降低采水过程的干扰。通过弱扰动被动式吸入技术降低采样速率对地层的干扰；通过高保真单向阀隔断技术切断水力联系；通过原位保压 U 形管采样技术减少污染物的挥发逸散。② 在地下水分层快速采样控制技术方面大幅提高采样效率：研发地下水多层同时驱替快速采样技术。基于气体驱替式新型地下水采样工作原理，有效缩短单次采样时间；通过井口多层同时驱替采样技术进一步缩短分层采样时间，进而有效使地下水分层采样高效快速。值得指出的是，经科技查新，该地下水多层同时驱替快速采样技术属国内外首次提到，不限井径井深，较好地解决了行业共性技术问题。③ 在地下水分层封隔研发方面研制新型同径止水封隔器。地下水分层封隔止水是有效实现地下水分层采样、有效获取不同层位深度代表性地下水样品的关键核心部件。通过最小化可行性验证、室内微缩模型试验测试及场地示范应用进一步优化设备性能。

（4）配套构建基于钻孔的地下水环境分层采样监测方法及地下水环境垂直结构分层解析方法。主要研究地下水水化学特性在地层垂直空间呈分层特征的规律模式，溯源识别地下水中的人为活动污染影响与地质背景成因。研究地下水特征元素在地层垂直空间分布的主控因素及分层聚类特征，揭示识别污染物由上至下入渗地层的地下水环境垂直分层特性及浓度梯度变化特征，进而基于地下水分层采样监测获取更为准确和丰富的地下水化学数据，基于地球科学水循环理论和环境科学原理配套构建可指导污染溯源识别的地下水环境垂直分层解析方法。此外，根据应用领域及工程需求不同，凝练地下水分层采样监测的共性方法，包括工程项目定制化设计、钻孔成井、设备现场安装与功能测试、地下水洗井与多层快速采样等流程步骤。

（5）选取典型应用案例阐述了地下水分层采样监测技术在流域水循环与水文地质、场地土壤与地下水污染调查、二氧化碳地质利用与封存三大领域的应用效果。应用案例研究结果表明：① 地下水 U 形管分层采样装置能够准确获取有代表性的地下水，不同深度的地下水样品有明显的规律性，水质监测指标呈现较好的分层特点。② 垂向不同深度的地下水水质分析呈现显著的空间分异性。③ 设备技术性能得到验证，即实现了额定采样容积≥1 L，采样深度超过 30 m，地下水分层采样层数达 6 层，地下水分层采样效率高，生产成本具有市场竞争力。

9.2 展望

从共性关键技术层面讲，地下水分层采样监测技术是水利部、生态环境部、自然资源部、农业农村部等多部委针对地下水资源、水环境、水生态多专业领域的共性技术需求而研发的，是污染场地调查领域不可或缺的高精尖技术，具备较广泛的应用前景。

从技术发展规律层面讲，地下水分层采样监测技术发源于深部能源与废弃物地质封存领域，并逐步跨领域拓展应用于浅部地层的水循环与水文地质调查领域、场地地下水污染调查与修复领域，呈现显著的由深到浅、跨领域逐步推开的特征，有经济驱动技术成熟的内在合理性。

国际上具有代表性的 6 种地下水分层采样监测技术主要从多通道管线新型结构设计、地层封隔新材料新技术、气驱式新型工作原理 3 个不同方向进行研发。具体来讲，加拿大 Solinst 地下水分层采样设备从管线部分进行研发，基于一体化 HDPE 多通道管设计，使得原监测井多根独立管线及井筒套管集成为一根标准化多通道管，从而提高了地下水分层采样系统安装的成功率、增强了规范性和耐久性，降低了地下水分层采样系统的建造成本及施工难度。美国 FLUTe 地下水分层采样设备针对地层封隔部分进行了技术革新，采用新型遇水膨胀的柔性材料提出沿井壁全线密封止水的新技术方案，以替代传统的价格昂贵的橡胶式封隔器或技术效果不稳定、施工复杂的回填工艺。地下水 U 形管分层采样监测技术基于气驱式采样工作原理研发，使得地下水分层采样效率显著提高，地下水分层采样设备管径缩小不再受限于采样泵尺寸，所采用的单向阀隔断及井下被动式弱扰动采样技术进一步提高了样品代表性和精度。

展望未来，面向现代生态环境治理的三维分层、数字化、智能化的先进地下水监测新技术与新设备亟待研发与突破。依托新技术与新设备揭示地下水化学场空间分层分带特性，支撑水循环转换机理、地下水污染溯源解析、地下流体泄漏风险预警等科学问题的破解与应用落地仍有待进一步深入研究。

参考文献

［1］魏彦强,李新,高峰,等.联合国 2030 年可持续发展目标框架及中国应对策略［J］.地球科学进展,2018,33(10):1084-1093.

［2］习近平:中国将采取务实举措,继续支持联合国 2030 年可持续发展议程(英文)［J］.重庆与世界,2022(7):1.

［3］XIA J,CHENG S B,HAO X P,et al. Potential impacts and challenges of climate chenge on water quality and ecosystem:Case Studies in representative rivers in China［J］. Journal of Resources and Ecology,2010,1(1):31-35.

［4］夏军,石卫.变化环境下中国水安全问题研究与展望［J］.水利学报,2016,47(3):292-301.

［5］PULS R W,POWELL R M. Acquisition of representative ground water quality samples for metals［J］. Groundwater Monitoring & Remediation,1992,12(3):167-176.

［6］LITAOR M I. Review of soil solution samplers［J］. Water Resources Research,1988,24(5):727-733.

［7］FREIFELD B,PERKINS E,UNDERSCHULTZ J,et al. The U-tube sampling methodology and real-time analysis of geofluids［Z］. Enviromental Science,Geology. Lawrence Berkeley National Laboratory,2009.

［8］COLEMAN T I,PARKER B L,MALDANER C H,et al. Groundwater flow characterization in a fractured bedrock aquifer using active DTS tests in sealed boreholes［J］. Journal of Hydrology,2015,528:449-462.

［9］QUINN P,PARKER B L,CHERRY J A. Blended head analyses to reduce uncertainty in packer testing in fractured-rock boreholes［J］. Hydrogeology Journal,2016,24(1):59-77.

［10］EINARSON M D. A new low-cost,multi-level ground water monitoring system［Z］. University of Waterloo,2001.

［11］DIRECTIVE W F. Water framework directive［J］. J. Ref. OJL.,2000,

327：1-73.

[12] 郑继天,王建增,蔡五田,等.地下水污染调查多级监测井建造及取样技术[J].水文地质工程地质,2009,36(3):128-131.

[13] 李亚美,成建梅,崔莉红,等.分层监测孔现场分级联合试验确定含水层参数[J].南水北调与水利科技,2013,11(3): 132-137.

[14] 张建良.地下水环境监测井施工中的"一孔多管"成井工艺[J].西部探矿工程,2010,22(7): 54-55.

[15] CHERRY J A,PARKER B L,KELLER C. A new depth-discrete multi-level monitoring approach for fractured rock[J]. Ground Water Monitoring & Remediation,2007,27(2): 57-70.

[16] 叶成明,李小杰,郑继天,等.国外地下水污染调查监测井技术[J].探矿工程(岩土钻掘工程),2007,34(11): 57-60.

[17] 王焰新,马腾,郭清海,等.地下水与环境变化研究[J].地学前缘,2005,12(S1): 14-21.

[18] TÓTH J. Groundwater as a geologic agent: an overview of the causes,processes,and manifestations[J]. Hydrogeology Journal,1999,7(1): 1-14.

[19] 王爱平,杨建青,杨桂莲,等.我国地下水监测现状分析与展望[J].水文,2010,301(6): 53-56.

[20] TÓTH J. A theory of groundwater motion in small drainage basins in central Alberta, Canada [J]. Journal of Geophysical Research, 1962, 67 (11): 4375-4388.

[21] TÓTH J. A theoretical analysis of groundwater flow in small drainage basins[J]. Journal of Geophysical Research,1963,68(16): 4795-4812.

[22] FREEZE R A,WITHERSPOON P A. Theoretical analysis of regional groundwater flow: 2. Effect of water-table configuration and subsurface permeability variation[J]. Water Resources Research,1967,3(2): 623-634.

[23] ENGELEN G B,KLOOSTERMAN F H. Groundwater flow systems and hydrocarbon migration[M]//Hgdrological Systems Analysis. Dordrecht:Springer,1996:37-43.

[24] TÓTH J. Cross-formational gravity-flow of groundwater: a mechanism of the transport and accumulation of petroleum (the generalized hydraulic theory of

petroleum migration)[J]. Problems of petroleum migration,1980：121-167.

[25] 杨建锋. 地下水-土壤水-大气水界面水分转化研究综述[J]. 水科学进展,1999,10(2):183-189.

[26] 朱永华,仵彦卿. 黑河流域地下水监控研究[J]. 干旱区资源与环境,2000,14(3):60-64.

[27] 朱德全. 浅谈均衡试验场在供水水文地质勘察中的作用[J]. 工程勘察,1987,15(3):39-42.

[28] 王恒发. 西北、内蒙六省区地下水均衡试验场站设计方案技术研讨会会议纪要[J]. 地下水,1985,3：18-19.

[29] 周金龙,张建文. 地矿部地下水均衡试验研究现状与展望[J]. 地下水,1993,15(3)：125-127.

[30] 苏小四,林学钰. 包头平原地下水水循环模式及其可更新能力的同位素研究[J]. 吉林大学学报(地球科学版),2003,33(4)：503-508.

[31] 李俊亭,王帅,宋高举,等. 郑州地下水均衡试验场的改建工程:总体思路与应用展望[J]. 水文地质工程地质,2019,46(4)：58-63.

[32] 周金龙,张建文. 昌吉地下水综合试验场简介[J]. 地下水,1993,15(4)：177-178.

[33] WOODHOUSE P,MULLER M. Water governance：An historical perspective on current debates[J]. World Development,2017,92：225-241.

[34] 张保祥,张超. 水文地球化学方法在地下水研究中的应用综述[J]. 人民黄河,2019,41(10)：135-142.

[35] CLOUTIER V,LEFEBVRE R,THERRIEN R,et al. Multivariate statistical analysis of geochemical data as indicative of the hydrogeochemical evolution of groundwater in a sedimentary rock aquifer system[J]. Journal of Hydrology,2008,353(3-4)：294-313.

[36] 邵杰,李瑛,王文科,等. 水化学在新疆伊犁河谷地下水循环中的指示作用[J]. 水文地质工程地质,2016,43(4)：30-35.

[37] 于静洁,宋献方,刘相超,等. 基于 δD 和 $\delta^{18}O$ 和水化学的永定河流域地下水循环特征解析[J]. 自然资源学报,2007,22(3):415-423.

[38] ZILBERBRAND M,ROSENTHAL E,SHACHNAI E. Impact of urbanization on hydrochemical evolution of groundwater and on unsaturated-zone gas com-

position in the coastal city of Tel Aviv, Israel[J]. Journal of Contaminant Hydrology, 2001, 50(3-4): 175-208.

[39] 苏春利, 王焰新. 大同盆地孔隙地下水化学场的分带规律性研究[J]. 水文地质工程地质, 2008, 35(1): 83-89.

[40] 楼章华, 金爱民, 朱蓉, 等. 松辽盆地油田地下水化学场的垂直分带性与平面分区性[J]. 地质科学, 2006, 41(3): 392-403.

[41] 于庆和, 王彩华. 渭干河: 塔里木河流域地下水水化学分带及其形成机制[J]. 长春地质学院学报, 1987(2): 205-210.

[42] 刘爱菊, 郭平战, 王勋文. 朝邑滩地下水水化学分带性及其形成机制之探讨[J]. 地下水, 1997, 19(2): 56-58.

[43] 郭高轩, 侯泉林, 许亮, 等. 北京潮白河冲洪积扇地下水水化学的分层分带特征[J]. 地球学报, 2014, 35(2): 204-210.

[44] 朱永官, 李刚, 张甘霖, 等. 土壤安全: 从地球关键带到生态系统服务[J]. 地理学报, 2015, 70(12): 1859-1869.

[45] 骆永明, 滕应. 中国土壤污染与修复科技研究进展和展望[J]. 土壤学报, 2020, 57(5): 1137-1142.

[46] 陈梦舫, 骆永明, 宋静, 等. 中、英、美污染场地风险评估导则异同与启示[J]. 环境监测管理与技术, 2011, 23(3): 14-18.

[47] 王旭. 美国"棕色地带"再开发计划和城市社区的可持续发展[J]. 东南学术, 2003(3): 156-162.

[48] 滕海波. 地下水监测存在问题与对策研究[J]. 水利规划与设计, 2016(11): 49-51.

[49] SMITH L, INMAN A, XIN L, et al. Mitigation of diffuse water pollution from agriculture in England and China, and the scope for policy transfer[J]. Land Use Policy, 2017, 61: 208-219.

[50] VANNEVEL R. Learning from the past: Future water governance using historic evidence of urban pollution and sanitation[J]. Sustainability of Water Quality and Ecology, 2017, 9-10: 27-38.

[51] GRIFFIOEN J, VAN WENSEM J, OOMES J L M, et al. A technical investigation on tools and concepts for sustainable management of the subsurface in The Netherlands[J]. Science of the total environment, 2014, 485-486: 810-819.

［52］严沛漩.二连盐湖附近地下水的水化学分带性及其供水意义［J］.工程勘察,1987,15(6):40-42.

［53］陈荣彦.昆明盆地北部地下水化学场动态特征及成因分析［D］.昆明:昆明理工大学,2008.

［54］薛禹群,张幼宽.地下水污染防治在我国水体污染控制与治理中的双重意义［J］.环境科学学报,2009,29(3):474-481.

［55］孟利,左锐,王金生,等.基于 PCA-APCS-MLR 的地下水污染源定量解析研究［J］.中国环境科学,2017,37(10):3773-3786.

［56］SKAGGS T H,KABALA Z J. Recovering the release history of a groundwater contaminant［J］. Water Resources Research,1994,30(1):71-79.

［57］SUN A Y,PAINTER S L,WITTMEYER G W. A constrained robust least squares approach for contaminant release history identification［J］. Water Resources Research,2006,42(4):W04414.

［58］Li G S,Tan Y J,Cheng J,et al. Determining magnitude of groundwater pollution sources by data compatibility analysis［J］. Inverse Problems in Science and Engineering,2006,14(3):287-300.

［59］曹阳,杨耀栋,申月芳.地下水污染源解析研究进展［J］.中国水运(下半月),2018,18(9):114-116.

［60］郑春苗,贝聂特.地下水污染物迁移模拟［M］.2 版.孙晋玉,卢国平,译.北京:高等教育出版社,2009.

［61］GORELICK S M,EVANS B,REMSON I. Identifying sources of groundwater pollution:An optimization approach［J］. Water Resources Research,1983,19(3):779-790.

［62］LONG Y Q,LI W,HUANG J. Advance of optimization methods for identifing groundwater pollution source porperties［J］. Applied Mechanics and Materials,2012,178-181:603-608.

［63］SNODGRASS M F,KITANIDIS P K. A geostatistical approach to contaminant source identification［J］. Water Resources Research,1997,33(4):537-546.

［64］BUTERA I,TANDA M G. A geostatistical approach to recover the release history of groundwater pollutants［J］. Water Resources Research,2003,39

(12):1372.

[65] BUTERA I,TANDA M G,ZANINI A. Simultaneous identification of the pollutant release history and the source location in groundwater by means of a geostatistical approach[J]. Stochastic Environmental Research and Risk Assessment,2013,27(5): 1269-1280.

[66] MIRGHANI B Y,MAHINTHAKUMAR K G,TRYBY M E,et al. A parallel evolutionary strategy based simulation-optimization approach for solving groundwater source identification problems[J]. Advances in Water Resources,2009,32(9): 1373-1385.

[67] 傅雪梅,孙源媛,苏婧,等. 基于水化学和氮氧双同位素的地下水硝酸盐源解析[J]. 中国环境科学,2019,39(9): 3951-3958.

[68] ZAPOROZEC A. Graphical interpretation of water-quality data[J]. Groundwater,1972,10(2): 32-43.

[69] 龙玉桥,崔婷婷,李伟,等. 地质统计学法在地下水污染溯源中的应用及参数敏感性分析[J]. 水利学报,2017,48(7): 816-824.

[70] 林斯杰,齐永强,杨梦曦,等. 基于 PCA-SOM 的北京市平谷区地下水污染溯源[J]. 环境科学研究,2020,33(6): 1337-1344.

[71] 王金哲,张光辉,母海东,等. 人类活动对浅层地下水干扰程度定量评价及验证[J]. 水利学报,2011,42(12): 1445-1451.

[72] 刘学浩. 地下流体 U 形管分层取样技术与监测方法[D]. 北京:中国科学院大学,2016.

[73] GRIGGS D J,NOGUER M. Climate change 2001: the scientific basis. Contribution of working group I to the third assessment report of the intergovernmental panel on climate change[J]. Weather,2002,57(8): 267-269.

[74] METZ B. IPCC special report on carbon dioxide capture and storage[M]. Cambridge: Cambridge University Press,2005.

[75] GRIGG R B. Long-term CO_2 storage: using petroleum industry experience,carbon dioxide capture for storage in deep geologic formations-results from the CO_2 capture project,v. 2: geologic storage of carbon dioxide with monitoring and verification,SM Benson[J]. Geologic Storage of Carbon Dioxide with Monitoring and Verification,2005,2: 853-866.

［76］李小春,魏宁,方志明,等.碳捕集与封存技术有助于提升我国的履约能力[J].中国科学院院刊,2010,25(2):170-171.

［77］李小春,张九天,李琦,等.中国碳捕集、利用与封存技术路线图(2011版)实施情况评估分析[J].科技导报,2018,36(4):85-95.

［78］李琦,刘桂臻,李小春,等.多维度视角下 CO_2 捕集利用与封存技术的代际演变与预设[J].工程科学与技术,2022,54(1):157-166.

［79］孙枢. CO_2 地下封存的地质学问题及其对减缓气候变化的意义[J].中国基础科学,2006(3):17-22.

［80］李琦,刘桂臻,张建,等.二氧化碳地质封存环境监测现状及建议[J].地球科学进展,2013,28(6):718-727.

［81］李琦,刘桂臻,蔡博峰,等.二氧化碳地质封存环境风险评估的空间范围确定方法研究[J].环境工程,2018,36(2):27-32.

［82］李琦,蔡博峰,陈帆,等.二氧化碳地质封存的环境风险评价方法研究综述[J].环境工程,2019,37(2):13-21.

［83］DE CONINCK H,STEPHENS J C,METZ B. Global learning on carbon capture and storage:A call for strong international cooperation on CCS demonstration[J]. Energy Policy,2009,37(6):2161-2165.

［84］LI Q,LIU G Z,LIU X H,et al. Application of a health,safety,and environmental screening and ranking framework to the Shenhua CCS project[J]. International Journal of Greenhouse Gas Control,2013,17:504-514.

［85］周洪,魏凤,李小春,等.CCS 工程实施利益相关方间关联性及法规剖析[J].科技管理研究,2014,34(18):206-212.

［86］姜大霖,杨琳,魏宁,等.燃煤电厂实施 CCUS 改造适宜性评估:以原神华集团电厂为例[J].中国电机工程学报,2019,39(19):5835-5842.

［87］陈礼宾.美国地下水监测的一些方法和仪器[J].地下水,1988,10(1):55-58.

［88］郑继天,王建增.国外地下水污染调查取样技术综述[J].勘察科学技术,2005(6):20-23.

［89］刘景涛,孙继朝,王金翠,等.浅层地下水定深取样器的研制[J].环境监测管理与技术,2008,20(5):56-58.

［90］刘景涛,孙继朝,张玉玺,等.无井地区浅层地下水快速取样技术

[J]. 工程勘察,2010,38(7): 46-48.

[91] 孙继朝,刘景涛,齐继祥,等. 我国地下水污染调查建立全流程现代化调查取样分析技术体系[J]. 地球学报,2015,36(6): 701-707.

[92] WOLFF-BOENISCH D,EVANS K. Review of available fluid sampling tools and sample recovery techniques for groundwater and unconventional geothermal research as well as carbon storage in deep sedimentary aquifers[J]. Journal of Hydrology,2014,513: 68-80.

[93] HOVORKA S D,BENSON S M,DOUGHTY C,et al. Measuring permanence of CO_2 storage in saline formations: the Frio experiment[J]. Environmental Geosciences,2006,13(2): 105-121.

[94] 郑继天,王建增,汪敏. FFS-A 型地下水定深取样器[J]. 探矿工程 (岩土钻掘工程),2008,35(3): 18-19.

[95] PARKER L V. The effects of ground water sampling devices on water quality: a literature review[J]. Ground Water Monitoring and Remediation,1994, 14(2):130-141.

[96] CORDRY K. HydraSleeve: A new no-purge groundwater sampler for all contaminants[C]. The 2007 Ground Water Summit,2003.

[97] STRAIGHT B J,CASTENDYK D N,MCKNIGHT D M,et al. Using an unmanned aerial vehicle water sampler to gather data in a pit-lake mining environment to assess closure and monitoring[J]. Environmental Monitoring and Assessment,2021,193(9): 572.

[98] BOREHAM C,UNDERSCHULTZ J,STALKER L,et al. Monitoring of CO_2 storage in a depleted natural gas reservoir: Gas geochemistry from the CO_2CRC Otway Project,Australia[J]. International Journal of Greenhouse Gas Control,2011,5: 1039-1054.

[99] NORMAN W R. An effective and inexpensive gas-drive ground water sampler[J]. Groundwater Monitoring & Remediation,1986,6(2): 56-60.

[100] 刘伟江,王东,文一,等. 我国地下水污染修复试点对策建议:对 《水污染防治行动计划》的解读[J]. 环境保护科学,2015(3): 12-15.

[101] 陈海燕. 地下水污染物监测技术的研究进展[J]. 能源与环境,2016 (3): 77-78.

［102］ESSER B K，BELLER H R，CARROLL S A，et al. Recommendations on model criteria for groundwater sampling，testing，and monitoring of oil and gas development in California：LLNL-TR-674463［R］. Livermore，Lawrence Livermore National Laboratory. 2015.

［103］冯建月，王营超，叶成明，等. 五层巢式监测井成井工艺与材料研究［J］. 探矿工程（岩土钻掘工程），2017,44(7)：29-33.

［104］房吉敦，杜晓明，徐竹，等. 采用分层采样技术对场地地下水污染物进行三维空间描述［J］. 环境工程学报，2013,7(6)：2147-2152.

［105］郭伟，奥斯曼·伊斯马伊力，裴晶晶. 单孔多层监测技术在头道沟河流域地下水监测中的应用［J］. 地下水，2016,38(4)：79-80.

［106］卢予北. 国家级一孔多层地下水示范监测井钻探技术与研究［J］. 探矿工程（岩土钻掘工程），2007(03)：5-8.

［107］PARKER L V，CLARK C H. Study of five discrete-interval-type ground water sampling devices［J］. Groundwater Monitoring & Remediation，2004，24(3)：111-123.

［108］李小杰，潘德元，叶成明，等. 国外地下水监测采样技术［J］. 人民黄河，2014,36(11)：48-50.

［109］吴春发，骆永明. 我国污染场地含水层监测现状与技术研发趋势［J］. 环境监测管理与技术，2011,23(3)：77-80.

［110］王明明，卢颖，解伟. CMT 监测井在黑河流域地下水监测中的应用［J］. 中国环境监测，2016,32(6)：141-145.

［111］刘学浩，李琦，王清，等. 一孔多层地下水环境监测技术国际经验与对中国的启示［C］. 厦门：2017 中国环境科学学会科学与技术年会，2017.

［112］刘学浩，李琦，方志明，等. 一种新型浅层井 CO_2 监测系统的研发［J］. 岩土力学，2015,36(3)：898-904.

［113］李琦，刘学浩，李霞颖，等. 基于 U 形管原理的浅层地下流体环境监测与取样技术［J］. 环境工程，2019,37(2)：8-12.

［114］PATTON F D，SMITH H R. Design considerations and the quality of data from multiple-level ground-water monitoring wells ［M］. ASTM International，1988.

［115］林沛，夏孟，刘久荣，等. 一井多层地下水监测井施工关键技术与设

备[J].城市地质,2012,7(1):38-41.

[116] HOVORKA S D,MECKEL T A,TREVINO R H. Monitoring a large-volume injection at Cranfield, Mississippi – Project design and recommendations [J]. International Journal of Greenhouse Gas Control,2013,18:345-360.

[117] 章爱卫,蔡五田,王建增,等.石油类污染的地下水取样方法对比[J].安全与环境工程,2014,21(2):109-113.

[118] KHARAKA Y K,THORDSEN J J,HOVORKA S D,et al. Potential environmental issues of CO_2 storage in deep saline aquifers: Geochemical results from the Frio-I brine pilot test,Texas,USA[J]. Applied Geochemistry,2009,24(6): 1106-1112.

[119] EINARSON M D,CHERRY J A. A new multilevel ground water monitoring system using multichannel tubing[J]. Ground Water Monitoring and Remediation,2002,22(4):52-65.

[120] LIU X H,LI Q,SONG R R,et al. A multilevel U-tube sampler for subsurface environmental monitoring[J]. Environmental Earth Sciences, 2016, 75 (16):401-404.

[121] FREIFELD B. The U-tube: a new paradigm for borehole fluid sampling[J]. Scientific Drilling,2009,8:41-45.

[122] LI Q,LIU X,ZHANG J,et al. A novel shallow well monitoring system for CCUS: with application to Shengli oilfield CO_2 EOR project[J]. Energy Procedia,2014,63:3956-3962.

[123] WOOD W W. A technique using porous cups for water sampling at any depth in the unsaturated zone[J]. Water Resources Research,1973,9(2):486-488.

[124] PICKENS J F,CHERRY J A,GRISAK G E,et al. A multilevel device for ground-water sampling and piezometric monitoring[J]. Groundwater,1978,16 (5):322-327.

[125] WAGNER G H. Use of porous ceramic cups to sample soil water within the profile[J]. Soil Science,1962,94(6):379-386.

[126] PARIZEK R R,LANE B E. Soil-water sampling using pan and deep pressure-vacuum lysimeters[J]. Journal of Hydrology,1970,11(1):1-21.

[127] HOSSEINI S A, LASHGARI H, CHOI J W, et al. Static and dynamic reservoir modeling for geological CO_2 sequestration at Cranfield, Mississippi, USA [J]. International Journal of Greenhouse Gas Control, 2013, 18: 449-462.

[128] 刘学浩, 黄长生, 王清, 等. 一种适用于多个含水层的地下水分层监测井: CN208350783[P]. 2019-01-08.

[129] 刘学浩, 陈征澳, 黄旋, 等. 基于气驱原理的地下水单管脉冲分层采样装置: CN212300998U[P]. 2021-01-05.

[130] 刘学浩, 王清, 王宁涛, 等. 一种适用于无井地区的地下水定深分层取样装置与方法: CN10635314A[P]. 2017-01-25.

[131] XU T F, KHARAKA Y K, DOUGHTY C, et al. Reactive transport modeling to study changes in water chemistry induced by CO_2 injection at the Frio-I Brine Pilot[J]. Chemical Geology. 2010, 271(3-4): 153-164.

[132] DODDS K, DALEY T, FREIFELD B, et al. Developing a monitoring and verification plan with referenceto the Australian Otway CO_2 pilot project[J]. The Leading Edge, 2009, 28(7): 812-818.

[133] STALKER L, BOREHAM C, UNDERSCHULTZ J, et al. Geochemical monitoring at the CO_2CRC Otway Project: Tracer injection and reservoir fluid acquisition[J]. Energy Procedia, 2009, 1(1): 2119-2125.

[134] STALKER L, BOREHAM C, UNDERSCHULTZ J, et al. Application of tracers to measure, monitor and verify breakthrough of sequestered CO_2 at the CO_2CRC Otway project, Victoria, Australia [J]. Chemical Geology, 2015, 399: 2-19.

[135] TSANG Y W, APPS J, BIRKHOLZER J T, et al. Yucca mountain single heater test final report: Yucca mountain site characterization project[Z]. Lawrence Berkeley National Lab. (LBNL), Berkeley, CA (United States), 1999.

[136] RUTQVIST J, FREIFELD B, MIN K, et al. Analysis of thermally induced changes in fractured rock permeability during 8 years of heating and cooling at the Yucca Mountain Drift Scale Test[J]. International Journal of Rock Mechanics and Mining Sciences, 2008, 45(8): 1373-1389.

[137] OY P. The Greenland Analogue Project: Yearly Report 2009[Z]. Eurajoki, Finland: Olkiluoto, 2011121.

［138］YANG C B,ROMANAK K,HOVORKA S,et al. Near-Surface Monitoring of Large-Volume CO_2 Injection at Cranfield: Early Field Test of SECARB Phase Ⅲ［J］. SPE Journal,2013,18: 486-494.

［139］LI J,LI X. Analysis of U-tube sampling data based on modeling of CO_2 injection into CH_4 saturated aquifers［J］. Greenhouse Gases: Science and Technology,2015,5(2): 152-168.

［140］ARTS R J,ZHANG X,VERDEL A R,et al. Experiences with a permanently installed seismic monitoring array at the CO_2 storage site at Ketzin (Germany). -A status overview［J］. Energy Procedia,2013,37: 4015-4023.

［141］PREVEDEL B,MARTENS S,NORDEN B,et al. Drilling and Abandonment Preparation of CO_2 storage wells-Experience from the Ketzin pilot site ［J］. Energy Procedia,2014,63: 6067-6078.

［142］WIESE B,ZIMMER M,NOWAK M,et al. Well-based hydraulic and geochemical monitoring of the above zone of the CO_2 reservoir at Ketzin,Germany ［J］. Environmental Earth Sciences,2013,70(8): 3709-3726.

［143］WEI N,LI X,WANG Y,et al. Geochemical impact of aquifer storage for impure CO_2 containing O_2 and N_2: tongliao field experiment［J］. Applied Energy,2015,145: 198-210.

［144］ZHU Q L,LI X C,JIANG Z B,et al. Impacts of CO_2 leakage into shallow formations on groundwater chemistry［J］. Fuel Processing Technology,2015, 135: 162-167.

［145］潘德元,李小杰,郑继天,等. U 形管采样技术研究［J］.探矿工程 (岩土钻掘工程),2014: 50-52.

［146］李小杰,潘德元,叶成明,等.气体置换式地下水采样器的研制与试验［J］.人民长江,2015,46(1): 43-45.

［147］EINARSON M,FURE A,ST. GERMAIN R,et al. DyeLIF^{TM}: A new direct-push laser-induced fluorescence sensor system for chlorinated solvent DNAPL and other non-naturally fluorescing NAPLs［J］. Groundwater Monitoring & Remediation,2018,38(3): 28-42.

［148］PIERCE A A,CHAPMAN S W,ZIMMERMAN L K,et al. DFN-M field characterization of sandstone for a process-based site conceptual model and numerical simulations of TCE transport with degradation[J]. Journal of Contaminant Hydrology,2018,212: 96-114.

[149] RUNKEL A C,TIPPING R G,MEYER J R,et al. A multidisciplinary-based conceptual model of a fractured sedimentary bedrock aquitard: improved prediction of aquitard integrity[J]. Hydrogeology journal,2018,26(7): 2133-2159.

[150] PARKER B L,CHERRY J A,SWANSON B J. A multilevel system for high-resolution monitoring in rotasonic boreholes[J]. Groundwater Monitoring & Remediation,2006,26(4): 57-73.

[151] PARKER B L,CHERRY J A,CHAPMAN S W. Discrete fracture network approach for studying contamination in fractured rock[J]. AQUA mundi,2012,3(2): 101-116.

[152] Steelman C M,Arnaud E,Pehme P,et al. Geophysical,geological,and hydrogeological characterization of a tributary buried bedrock valley in southern Ontario[J]. Canadian Journal of Earth Sciences,2018,55(7): 641-658.